微生物学实验

基本技术及其实践操作

◎ 贺智英 / 著

U0324730

 中国原子能出版社

图书在版编目（CIP）数据

微生物学实验基本技术及其实践操作 /贺智英著.
—北京：中国原子能出版社，2018.8（2021.9 重印）
ISBN 978-7-5022-9345-1

Ⅰ．①微… Ⅱ．①贺… Ⅲ．①微生物学－实验 Ⅳ.
①Q93－33

中国版本图书馆 CIP 数据核字（2018）第 197596 号

微生物学实验基本技术及其实践操作

出版发行	中国原子能出版社(北京市海淀区阜成路 43 号　100048)
责任编辑	杨晓宇
封面设计	王茜
印　　刷	三河市南阳印刷有限公司
经　　销	全国新华书店
开　　本	787mm×1092mm　1/16
印　　张	13.5　　字　　数　242 千字
版　　次	2018 年 8 月第 1 版　2021 年 9 月第 2 次印刷
书　　号	ISBN 978-7-5022-9345-1
定　　价	66.00 元

网址：http://www.aep.com.cn　　　　版权所有　侵权必究

前　言

　　微生物学是一门实践性和应用性很强的学科,微生物学实验是微生物学的重要组成部分,在工业、农业、生物、环境、食品及医学等领域中广泛应用。微生物学实验课是培养学生的实验技能、独立工作能力和综合素质的重要环节,实验教材是指导学生学好实验课的重要工具。

　　本书根据微生物学实验教学的特点,按照循序渐进的原则,将教学内容分为微生物学实验基本理论、微生物学实验基本操作技术、微生物学基础性实验、微生物学综合性实验和微生物学应用性实验等部分。本书突出实验的可操作性和实用性,简明扼要,每个实验项目基本按照实验目的、实验原理、实验器材、实验步骤、实验结果等部分撰写,注重理论与实际相结合,引导学生从实验过程中加深对理论知识的理解、掌握与思考,激发学生的学习兴趣和学习的主动性,提高学生的动手能力,帮助学生建立系统的微生物学知识体系。

　　全书共分为7章。第1章微生物学实验基本理论,主要阐述微生物学相关理论,微生物学实验注意事项及实验室的设备,微生物学实验器皿的洗涤、包扎与灭菌,以及微生物学实验报告的书写;第2章微生物学实验基本操作技术,主要对微生物显微技术,微生物消毒、灭菌与除菌技术,微生物培养、纯种分离技术,以及微生物菌种鉴定、保藏技术进行分析与论述;第3章微生物的染色技术与形态结构观察,主要研究细菌的染色技术及其形态结构观察、细胞核的染色、酵母菌的形态结构观察、霉菌的形态结构观察,以及病毒和其他微生物的形态结构观察;第4章微生物的生理生化反应,主要阐明细菌生长曲线的测定、环境条件对微生物生长的影响、大分子物质的水解实验、糖类发酵实验,以及乙醇、乳酸、丁酸发酵实验;第5章至第7章,主要对微生物学基础性实验、微生物学综合性实验,以及微生物学应用性实验进行探究。

本书在撰写过程中，参考并借鉴了诸多专家、学者的文献资料与论著，在此，向他们一并表示感谢。由于微生物学科发展迅速，尽管作者在撰写过程中尽最大努力追赶其前进的步伐，但由于水平和所掌握的知识内容的限制，书中难免存在一些漏洞，敬请广大专家、学者批评指正，以使本书更加完善。

作者

2018 年 6 月

目　　录

第1章　微生物学实验基本理论

　　微生物学实验是微生物学教学的重要组成部分。目的在于使学生掌握微生物学技术方面最基本的操作技能；验证和补充课堂讲授中的某些问题，加深对课堂知识的理解；同时培养学生观察、分析和解决问题的能力，使学生养成实事求是、严肃认真的科学态度以及勤俭节约、爱护公物的良好习惯。本章主要阐述微生物学相关理论，微生物学实验注意事项及实验室的设备，微生物学实验器皿的洗涤、包扎与灭菌，以及微生物学实验报告的书写。

1.1　微生物学概述

1.1.1　微生物学及其分科

　　微生物学（Microbiology）是研究微生物及其生命活动规律的科学，即研究微生物在一定条件下的形态结构、生理生化、遗传变异和微生物的进化、分类、生态等生命活动规律及其与其他微生物、动植物、外界环境之间的相互关系，以及微生物在自然界各种元素的生物地球化学循环中的作用，微生物在工业、农业、医疗卫生、环境保护、食品生产等各个领域中的应用等等。实际上，微生物学除了相应的理论体系外，还包括了有别于动、植物研究的微生物学研究技术，是一门既有独特的理论体系，又有很强实践性的学科。

　　随着微生物学的不断发展，已形成了基础微生物学和应用微生物学，又可根据研究的侧重面和层次不同而分为许多不同的分支学科，并且还在不断地形成新的学科和研究领域。按研究对象分，可分为细菌学、放线菌学、真菌学、病毒学、原生动物学、藻类学等。按过程与功能分，可分为微生物生理学、微生物分类学、微生物遗传学、微生物生态学、微生物分子生物学、微生物基因组学、细胞微生物学等。按生态环境分,可分为土壤微生物学、环境微生物学、水域微生物学、海洋微生物学、宇宙微生物学等。按技术与工艺分,可分为发酵微生物学、分析微生物学、遗传工程学、微生物技术学等。按应用范围分,可分为工业微生物学、农业微生物学、医学微生物学、兽医微生物学、食品微生物学、预防微生物学等。按与人类疾病的关系分,可分为流行病学、医学微生物学、免疫学等。

随着现代理论和技术的发展,新的微生物学分支学科正在不断形成和建立。如微生物分子生物学和微生物基因组学等在分子水平、基因水平和后基因组水平上研究微生物生命活动规律及其生命本质的分支学科和新型研究领域的出现,表明微生物学的发展进入了一个崭新的阶段。

总之,微生物学已成为当今发展最为活跃、最为迅速、最为辉煌、影响最大的生命科学之一。

1.1.2　微生物学的发展历史

在人类发现微生物之前,由于长期的生产、生活和医药实践,已经对微生物的作用积累了不少知识,并且广泛利用微生物的作用为人类造福。我国在 4 000 多年前的大禹时代(公元前 2 至 3 世纪),就已知道制酒,周朝时会做酱。1 400 多年前知道制酪。到公元 5 世纪,在农古书《齐民要术》中已有作曲、作醋、"作沮"(利用乳酸发酵以保存蔬菜)等记载。在农业上,虽然还不知道根瘤菌的固氮作用,但是已经在利用豆科植物轮作提高土壤肥力。这些事实说明,尽管人们还不知道微生物的存在,但是已经在与微生物打交道了,在应用有益的微生物的同时,还对有害微生物进行控制。为防止食物变质,采用盐渍、糖渍、干燥、酸化等方法。在我国嘉庆年间就开始用人痘预防天花。100 多年前,我国农民已应用灌花法预防牛瘟。国外亦积累了关于微生物活动及其应用方面的知识。尽管如此,由于受古代科学技术的限制,始终未能证实微生物的真正存在,更未能把它们分离出来。因此,人们对微生物的认识进展很慢,微生物学作为一门科学,乃是 17 世纪末显微镜发明后逐渐形成的。微生物学发展可以概括为 4 个时期。

1. 微生物形态学时期(初创时期)

17 世纪末,资本主义开始发展,由于航海事业的需要,促进了光学仪器的发展,使显微镜的制造有了可能。1676 年,吕文虎克(1632—1723 年)在前人研究的基础上,用他自己制造的、能放大 200～300 倍的简单显微镜首次看到了细菌,并在

1695 年发表了《吕文虎克所发现的自然界秘密》一文,将观察到的细菌称作"微动体"。从此开始了微生物形态的记述时期,利用不完善的显微镜,单纯地描述所看到的各种微生物形态。这个时期由 17 世纪末至 19 世纪中叶,在将近 200 年中,虽然微生物的形态学有较大发展,但是对于微生物的生命活动规律,以及它们与人类生产、生活和医药卫生等方面的关系,人们仍然所知甚微。

2. 微生物学的生理学发展阶段

到 19 世纪初、中叶,随着资本主义工业和科学技术的进一步发展,微生物学作为资本主义生产力发展的一个方面,也有巨大的发展。这种发展集中地表现于十九世纪法国著名学者巴斯德的划时代的学术贡献中。巴斯德的工作包括了微生物学的各个主要方面,从而开始了微生物学发展的第二阶段——生理学阶段。

在酿造工业方面,发酵作用的规律和微生物对于发酵究竟具有什么作用,是当时酿造工业亟待解决的科学问题。巴斯德通过一系列严格实验,证明了发酵是微生物的生命活动结果,控制它们的生活条件是酿造科学的基本任务。巴斯德证明了葡萄汁酿造成酒是一种微生物(酵母菌)的作用,而酒变坏,产生醋酸或乳酸,则是另外的微生物(醋酸菌和乳酸菌)的作用。这些细菌需要不同的生活条件,控制发酵条件可以控制微生物的发展情况,得到预期效果。这个研究成果,应用到酿造工业中去,对于酿造工业起了巨大的技术革新作用。巴斯德关于酿造学的研究还对生理学基本问题之一——呼吸作用提出了更深刻的见解,他指出,发酵就是无氧呼吸。

当时,蚕丝生产受到蚕病的严重危害。巴斯德发现蚕的微粒子病是由于微生物的传染和危害,并且提出了隔离病原、防止传染的有效方法。他从蚕病的研究又转入人畜病害的研究,奠定了传染病的病原菌说,促使医药卫生科学起了革命性的进展。巴斯德更进一步将传染病的病原菌学说和古老的免疫知识结合起来,在实践和理论上将免疫学发展成为一门现代科学。

巴斯德的辛勤工作奠定了微生物的科学基础。随着微生物学的飞速发展,涌现了许多优秀的微生物学家。柯赫对于传染病的病原菌学说有重要贡献,并且创造了许多研究微生物的方法,包括利用固体培养基和分离培养细菌的技来等。

3. 微生物生物化学时期

1897 年德国生物学家布赫纳发现酵母菌能进行乙醇发酵,从而开创了生物化学学科。由于在微生物学和现代酶化学方面作出重大贡献,他获得了 1907 年度诺贝尔化学奖。

狄巴利研究了黑粉菌、锈菌和疫霉等植物病害病原真菌的生活史和致病过程，开创了植物病原微生物学——植物病理学。

梅契尼柯夫发现白细胞噬菌作用，对免疫学作出了贡献，他又用绿僵菌进行控制害虫的实验，开辟了以微生物防治害虫的新途径。

贝哲林克及维诺格拉德斯基研究了豆科植物的根瘤菌及土壤中的固氮菌和硝化细菌，提出自养微生物和土壤微生物的研究方法，开拓了自养微生物研究的新领域。

伊万诺夫斯基在烟草花叶病的研究中，观察到花叶病烟草的具感染性的抽提液，经过细菌过滤器后仍有感染性，从而发现了非细胞生命形式——病毒，扩大了对微生物的认识领域，创建了病毒学。

1929 年英国人弗莱明发现青霉菌能抑制细菌生长，1938 年费洛里和切因对青霉素纯化并做临床实验获得成功。因发现青霉素并将其临床应用，弗莱明、弗洛里、钱恩共同获得 1945 年诺贝尔生理学和医学奖。在这一工作成果的鼓舞下，人们开展了抗生素的深入研究和新抗生素的寻找，使越来越多的抗生素不断被发现。

1941 年巴德尔和塔特姆分离了脉孢菌属的生化突变型，提出"一个基因一个酶"的假说，对基因的作用和本质有了进一步的了解，为生化遗传学打下了基础。比德尔与泰特姆以及莱德伯格（从事基因重组以及细菌遗传物质方面的研究）共同获得了 1958 年的诺贝尔生理学和医学奖。

1944 年艾弗里等人通过细菌转化实验，最先证明储存遗传信息的物质是脱氧核糖核酸（DNA），由此发现了遗传物质的化学本质，这也标志着分子微生物学的开始。

4. 微生物学的分子生物学发展阶段

分子生物学在 20 世纪 50 年代以来的二三十年中取得的卓越成就，深刻地影响了生物科学的各个方面。电子显微技术揭开了细胞内部构造和器官（细胞器）的研究，深入到光学显微技术达不到的细微程度。细胞匀浆和各种分离方法能够将各种细胞组分分离开来并不破坏它们的构造和功能。同时，对于组成细胞主要化学成分的长链化合物（核酸、蛋白质、类脂）的物理学、化学和生物学研究也取得了卓越的成就。这些成就更深刻地阐明了细胞内部的构造和功能的联系、基因与表现的联系。对于细胞内部形态的研究阐明了非细胞生物（病毒、噬菌体）和细胞生物的区别和联系，以及原核生物（细菌和蓝藻）和真核生物的区别和联系。

　　脱氧核糖核酸作为遗传信息的储存和传代物质首先是埃弗里、马克洛埃德和马克卡提在细菌中发现的。他们将光滑型肺炎链球菌的脱氧核糖核酸抽提出来，加到粗糙型肺炎链球菌的培养物中去，结果，粗型肺炎链球菌产生了光滑型变株。这项研究最先指出了脱氧核糖核酸是储存遗传信息的质基础。1953 年华特生和克里克发现了细菌基因体的脱氧核糖核酸长链的双螺旋构造。1961 年牙科布和摩诺得提出的操纵子学说，又指出了基因表达的调节机制以及它们和外部因素的联系。接着一系列卓有成效的研究阐明了脱氧核糖核酸的双螺旋在细胞分裂过程的复制机制和双螺旋局部变化和基因突变的直接联系。同时也阐明了遗传信息的表达过程，即遗传密码的转和翻译过程。这个过程包括具有特定遗传信息的脱氧核糖核酸构造指导特定信使核糖核酸的构造的合成作用、转录以及信使核糖核酸在转移核糖核酸的帮助下决定特定蛋白构造的合成作用。我们早已知道，蛋白质组成的特异性，尤其是具有酶活性的蛋白质组成的特异性是不同物体和株系的物质代谢特征的内在根据，而形态特征则是代谢特征在形态上的表现。综合以上知识，就在分子水平上大体地勾画出了生命活动的完整过程。这些研究工作的重大进展主要是以微生物为研究对象取得的，同时也改造和发展了人们对于微生物的认识。人们得以在新的基础上研究微生物的形态学、生理学、遗传学和分类学，在新的基础上开展应用微生物学的研究。

1.1.3　21 世纪的微生物学展望

1. 生物基因组学研究将全面展开

　　所谓"基因组学"是 1986 年由 Thomas Roderick 首创，至今已发展成为一专门的学科领域，包括全基因组的序列分析、功能分析和比较分析，是结构、功能和进化基因组学交织的学科。微生物基因组学将在继续作为"人类基因组计划"的主要模式生物，在后基因组研究(认识基因与基因组功能)中发挥不可取代的作用外，会进一步扩大到其他微生物，特别是与工农业及与环境、资源、疾病有关的重要微生物。目前，已经完成基因组测序的微生物主要是模式微生物、特殊微生物及医用微生物。而随着基因组作图测序方法的不断进步与完善，基因组研究将成为一种常规的研究方法，在从本质上认识微生物自身以及利用和改造微生物方面将产生质的飞跃，并将带动分子微生物学等基础研究学科的发展。

2. 微生物的研究将全面深入

以了解微生物之间、微生物与其他生物、微生物与环境的相互作用为研究内容的微生物生态学、环境微生物学、细胞微生物学等，将在基因组信息的基础上获得长足发展，为人类的生存和健康发挥积极的作用。

3. 微生物生命现象的特征和共性将更加受到重视

微生物具有其他生物不具备的生物学特性，具有其他生物不具备的代谢途径和功能，例如可在其他生物无法生存的极端环境下生存和繁殖，化能营养、厌氧生活、生物固氮和不释放氧的光合作用等，反映了微生物极其丰富的多样性。微生物生长、繁殖、代谢、共用一套遗传密码等具有其他生物共有的基本生物学特性，反映了生物高度的统一性。微生物个体微小、结构简单、生长周期短、易培养和变异，便于研究。微生物这些生命现象的特性和共性，将是 21 世纪进一步解决生物学重大理论问题和实际应用问题最理想的材料，如生命起源与进化，物质运动的基本规律等的研究，新的微生物资源、能源、粮食的开发利用等。

4. 与其他学科实现更广泛的交叉，获得新的发展

20 世纪微生物学、生物化学和遗传学的交叉形成了分子生物学；而 21 世纪的微生物基因组学则是数、理、化、信息、计算机等多种学科交叉的结果。随着各学科的迅速发展和人类社会的实际需要，各学科之间的交叉和渗透将是必然的发展趋势。21 世纪的微生物学将进一步向地质、海洋、大气、太空渗透，使更多的边缘学科得到发展，如微生物地球化学、海洋微生物学、大气微生物学、太空（或宇宙）微生物学以及极端环境微生物学等。微生物学在与能源、信息、材料、计算机等先进技术结合的基础上，向自动化、定向化和定量化发展。

5. 微生物产业将呈现全新的局面

微生物从发现到现在的短短 300 年间，特别是 20 世纪中期以后，已在人类的生活和生产实践中得到广泛的应用，并形成了继动物、植物两大生物产业后的第三大产业。这是以微生物的代谢产物和菌体本身为生产对象的生物产业，所用的微生物主要是从自然界筛选培育的自然菌种。21 世纪，微生物产业除了更广泛地利用和挖掘不同环境（包括极端环境）的自然资源微生物外，基因工程菌将形成一批强大的工业生产菌，生产外源基因表达的产物，特别是药物的生产将出现前所未有

的新局面,结合基因组学在药物设计上的新策略,将出现以核酸(DNA 或 RNA)为靶标的新药物(如有义寡核苷酸、肽核酸、DNA 疫苗等)的大量生产,人类将可能征服癌症、艾滋病以及其他疾病。

6. 微生物工业将生产各种各样的新产品

随着生物技术革命的深入,微生物工业将生产各种各样的新产品,例如,降解性塑料、生物芯片、生物能源等,在 21 世纪将出现一批崭新的微生物工业,为全世界的经济和社会发展做出更大贡献。特别是生物芯片技术,它出现仅仅几年,但已吸引了无数人的注意。认为生物芯片的应用具有十分巨大的潜力,在后基因组研究、新药研究、生物物种改良、疑难疾病(包括癌症、早老性痴呆等)的病因研究和医学诊断等方面它已经提供或正在提供有价值的信息。随着生物芯片制作工艺和检测分析手段的飞速发展,相信在 21 世纪许多生物化学反应,尤其是目前在凝胶上、膜上和酶标板上进行的生化反应都将在芯片上完成。有人预计生物芯片技术将会和聚合酶链反应(PCR)和 DNA 重组技术一样,给分子生物学和相关学科带来突飞猛进的飞跃。

1.2　微生物学实验注意事项及实验室的设备

1.2.1　微生物学实验注意事项

微生物学实验是微生物学教学的重要组成部分。目的在于使学生掌握微生物学技术方面最基本的操作技能;验证和补充课堂讲授中的某些问题,加深对课堂知识的理解;同时培养学生观察、分析和解决问题的能力,使学生养成实事求是、严肃认真的科学态度以及勤俭节约、爱护公物的良好习惯。

为保证微生物实验课的顺利进行,并得到理想的实验结果,特提出以下注意事项。

(1)每次实验前,必须阅读《普通微生物学实验》的有关章节,了解实验目的、原理和实验内容。实验课开始,要认真听取指导教师的讲解,明确实验的操作步骤和具体要求。

（2）在实验室内，不要高声谈话和随意走动，保持实验室安静。不准携带食物和饮料进入实验室。个人的衣物、书包不要放在实验台上，以免影响操作。

（3）实验要认真仔细，严格操作规程，防止杂菌污染。为此要求做到：

①养成勤剪指甲和实验前洗手的良好习惯。

②实验中使用或使用后的接种工具，要在酒精灯火焰上充分灼烧，带菌用具（如移液管、涂布棒、载玻片等）先放于3％来苏尔溶液或5％石炭酸溶液中浸泡，然后清洗。带有培养物的器皿（如试管、三角瓶、培养皿等）要先加压灭菌或经煮沸后再清洗。

③用过的培养基、培养物及污染材料都要放入指定的污物桶内，不得随意丢弃。

④操作时小心仔细。出现意外事故，如打破盛菌器皿、破伤皮肤、菌液吸入口中等，要立即报告指导教师，及时处理，切勿隐瞒。

（4）实验操作中所用器皿，按指导教师要求标明班次、组别、姓名、项目、日期。若需要培养，按指定地方放置，以免放乱弄错。

（5）实验结束后，应将台面擦拭干净，废纸、废物投入垃圾桶内。清理所用物品，摆放整齐，如有损坏或丢失，及时报告指导教师，填写登记表。

（6）每次实验都要及时、实事求是地做好记录或绘制草图，认真完成作业。实验报告力求简明、准确、字体工整。

（7）对显微镜及其他贵重仪器应特别爱护，不得随意拆卸和玩弄。使用前后都要仔细检查。实验室中的菌种和物品，不经教师同意不得随意带出实验室。

（8）实验过程中，要始终注意安全，使用易燃物品（如酒精、乙醚等）要特别小心，切勿接近火焰。出现火险，要保持冷静，先关闭火源、电源，再用湿布或沙土灭火。必要时使用灭火器。

（9）离开实验室前，要用肥皂洗手。值日人员负责做好实验室内台面和地板的清洁工作，关好空调、门、窗。

1.2.2　实验室的设置和主要设备

1. 实验室的设置

微生物学实验室通常包括实验室、实验准备室、灭菌室、无菌操作室（无菌室）、培养室、洗涤室等。这样划分并不是绝对的，可根据工作需要和具体条件加以合并或划分得更细。

对微生物学实验室的具体要求是,为方便教学和科研工作,设置必须合理,环境必须清洁卫生,特别是无菌室要尽可能地保持环境无菌。为了这个目的,实验室房屋的墙壁和地板、使用的家具和器材都要便于进行清洗。

(1)实验室(Laboratory)

实验室是学生进行微生物学实验的场所,大小可根据学生人数而定。实验室中的家具主要有讲台、实验台、凳子、柜子和架子。实验台最好设置有抽屉和小柜子,便于存放学生用器材;台面要求平整、光滑。室内家具的布置应本着充分利用空间、避免学生相互干扰并便于教师指导学生实验的原则。实验室不可缺少的设备是水源和电源。水龙头可安装在实验台的一端或两端并有水槽便于洗涤。电源插座安装在实验台上或旁边,要求每组学生都有电源插座使用。室内的照明灯不必多,因为学生在使用显微镜时有显微镜灯。

(2)实验准备室(Preparing Room)

为了提高学生实验室的利用率和使用效果,应设立实验准备室。学生实验所需要的大量器材可以存放在实验准备室。培养基、染色液和试剂的配制,预备实验及不同班次所需要器材的准备都可在实验准备室进行。实验准备室最好与实验室相连,但应有单独的门出入,以免上课时干扰学生实验。实验准备室应有药品柜 、器材柜和实验台,便于教师和辅助人员进行实验准备工作。

(3)灭菌室(Sterilization Room)

灭菌室是对配制的培养基及培养微生物所用的各种培养器皿进行灭菌的场所。灭菌室的主要设备是高压蒸汽灭菌锅和干热灭菌箱。根据不同灭菌器的特点,在灭菌室内还应安装电源插座和配备电炉等。

(4)无菌室(Clean Room)

无菌室又称接种室,是进行微生物接种或其他无菌操作的专用房间。工作时要求无菌室内没有杂菌。为了便于清洁和消毒,房间不宜太大和太高。一般以面积 4～6 m²、高 2～2.5 m 为宜。室内天花板、地面和墙壁要求平整光滑,不应有积存灰尘的缝隙,以利清洗和消毒,门窗关闭后能和外界空气隔绝。为了减少外界空气的侵入,无菌室要连接 1～2 个套间(缓冲间),避免无菌室与走廊或其他房间直接相通。缓冲间和无菌室的门一般用推拉门,而且两个室的门要相互错开,不要在一条直线上,以减少空气直接流动。

无菌室内布置尽量简单。最好能安装空气调节装置,以通入无菌空气并调节室内温湿度。无菌室一般都用紫外线灯灭菌。紫外线灯的反光罩要使紫外线照射到室内各个角落。工作台的表面要求水平光滑,以便经常擦洗消毒。台面上放置常用的接种器具,如酒精灯、火柴、70%酒精、酒精棉球、剪刀、镊子、不锈钢刀、记号笔、接种针(环)、接种钩、接种铲等。缓冲间也要装上紫外线灯,放置小台柜,以备放置喷雾器、酒精灯、消毒药剂等。工作服和帽也应放在缓冲间内。

有条件的,无菌室内可配备净化工作台。

每次使用无菌室,都应先将室内擦洗干净,再将所需的用品及培养基等放入室内。用消毒剂(如2%～5%来苏尔或3%～5%石炭酸)喷雾,并打开紫外线灯密闭消毒20～30 min。接种或其他无菌操作,可以一人或两人配合进行,动作要迅速,严格无菌操作。工作完毕,立即进行清洁,擦洗台面、地面、拿走非室内存放物品。此外,无菌室要定期进行大清理,可采用甲醛熏蒸、硫磺熏蒸和乳酸熏蒸,具体操作见"微生物学实验室的设备"部分无菌室的灭菌与消毒。无菌室内工作服、帽、鞋也要经常清洗和消毒。

(5)培养室(Culture Room)

培养室是定温培养微生物的房间,其大小可根据需要而定,室内要求地平墙光,便于擦拭和消毒。为了保温,墙壁应用隔热材料。室内可用电炉或电热板加热,并连接温度控制器,可以自动调节室内温度。为了便于夏季使用,室内还应安装降温冷却装置。为了便于通风,培养室墙壁上部或顶板可设能开闭的通风窗,或用风扇使空气均匀分布,保持室内温度均匀。

培养室内配置木架或铁架,以放置培养物品。并应安放干湿球温度计,用于测定培养室内的温度和湿度。培养室要定期清扫消毒,培养好的材料必须及时拿走。

(6)洗涤室(Washing Room)

器皿的清洁是保证工作质量的重要条件,在有可能的条件下,应尽量设置单独的洗涤室。洗涤室的主要设备是洗涤槽和洗涤柜。洗涤柜用于放置清洗后的器皿,柜子的搁板应是空心格子,便于淋水。洗涤室内还应配备各种毛刷、肥皂、去污粉、洗涤液等。

2. 实验室的主要设备

(1)接种箱(Clean Box)

接种箱又称无菌箱,分固体菌种接种箱和液体菌种接种箱两种。固体菌种接种箱是一个用木料和玻璃制成的密闭小箱。又分双人和单人操作箱。箱体可大可小,一般箱体长约143 cm、宽86 cm、总高164 cm、低脚76 cm。箱的上部左右两侧各装有两扇能启闭的玻璃推拉门,方便菌种进出。窗的下部分别设有两个直径约13 cm的圆洞,两洞间的中心距离为52 cm,洞口装有带松紧带的袖套,以防双手在箱内操作时,外界空气进入箱内造成污染。操作时两人相对而坐,双手通过袖套伸入箱内。箱两侧最好也装上玻璃,箱顶部为木板或玻璃。箱内顶部装有紫外线杀菌灯和照明用日光灯各一支。箱体安装木板或玻璃均可,但要注意密封(见图 1-1)。

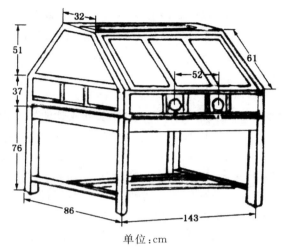

单位:cm

图 1-1　木质接种箱

　　液体菌种接种箱是专为移接液体菌种而设计的。比固体菌种接种箱窄长,单侧两人操作。内设轨道和紫外线灯,箱两端开有高 25 cm、宽 10 cm 的长方形出口,方便菌种进出,洞口设小推门。进出口下处设蒸汽源,接种时用蒸汽封住进出口,以防杂菌进入箱内。箱背面设有液体菌种移接管能进入的小孔。

　　接种箱灭菌时,用紫外线灯照射 30 min。如果没有紫外线灯,可用甲醛和高锰酸钾(甲醛 10 mL＋高锰酸钾 5 g/m³ 空间)氧化熏蒸 30 min。使用时,先将所需物品和工具放入接种箱内,然后进行药剂和紫外线灭菌,再按无菌操作接种。

　　接种箱的结构简单,造价低廉,易消毒灭菌,操作方便,而且人在箱外操作,气温较高时也能作业。

　　(2)培养箱(Culture Box)

　　微生物实验室如无培养室,可用培养箱培养微生物。培养箱是培养微生物的专用设备。制热升温式培养箱是由电炉丝和水银接触温度计组合成的固定体积的恒温培养装置,大小规格不一。微生物学实验室常用的培养箱工作室容积为 450 mm×450 mm×350 mm 或 650 mm×500 mm×500 mm,适用于室温至 60 ℃之间的各类微生物培养。目前,随着科学水平的发展,培养箱设备的完善程度和价格有很大差别。有各种结构合理、功能齐全的培养箱,如恒温培养箱、恒温恒湿培养箱、低温培养箱、微生物多用培养箱和二氧化碳培养箱等。有的用计算机控制,可选择多条时间线变换温差,从而克服了环境温度的影响,一年四季均能达到培养要求的温度。

微生物多用培养箱是集加热、制冷和振荡于一体的微生物液体发酵装置。工作室的温度在 15～50 ℃范围内任意选定,选定后经温控仪自动控制,保持工作室内恒温。同时设有可控硅调速系统,振荡机构转速可在 1～220 r/min 范围内任意调控。

（3）干燥箱（Drying Box）

干燥箱是用于除去潮湿物料内及器皿内外水分或其他挥发性溶液的设备。类型很多,有厢式、滚筒式、套间式、回转式等。微生物学实验室多用厢式干燥箱,大小规格不一。工作室内配有可活动的钢丝网板,便于放置被干燥的物品。制热升温式干燥箱也是由电炉丝和水银接触温度计组合而成。可调节温度从室温至300 ℃任意选择。有的干燥箱采用导电温度计为感温元件,配合晶体管和继电器组成自动控制系统,克服了用金属管型热膨胀控制的缺点。

此外,还有真空干燥箱（配有真空泵和气压表）,可在常压或减压下操作。

（4）摇瓶机（Shaking Bed）

摇瓶机也称摇床,是培养好气性微生物的小型实验设备或作为种子扩大培养之用,常用的摇瓶机有往复式和旋转式两种。往复式摇瓶机的往复频率一般在 80～140 次/min,冲程一般为 5～14 cm,如频率过快、冲程过大或瓶内液体装量过多,在摇动时液体会溅到包瓶口的纱布上易引起染菌,特别是启动时更易发生这种情况。

（5）高压蒸汽灭菌锅（High-Pressure Steam Sterilization Pot）

高压蒸汽灭菌锅是一个密闭的、可以耐受压力的双层金属锅。锅底或夹层盛水,当水在锅内沸腾时蒸汽不能逸出,使锅内压力升高,水的沸点和温度可随之升高。从而达到高温灭菌的目的。一般在 0.100 MPa（兆帕,1.0 kg/cm²）的压力下,121 ℃处理 20～30 min,包括芽孢在内的所有微生物均可被杀死。如果灭菌物品体积大,蒸汽穿透困难,可适当提高蒸汽压力或延长灭菌时间。

高压灭菌锅有卧式、立式、手提式等多种类型,在微生物学实验室,最为常用的是手提式和立式高压蒸汽灭菌锅。和常压灭菌锅相比,它们的共同特点是灭菌所需的时间短、节约燃料、灭菌彻底。

旋转式摇瓶机的偏心距一般在 3～6 cm 之间,旋转次数为 60～300 r/min。

放在摇瓶机上培养瓶（一般为三角瓶）中的发酵液所需要的氧是由室内空气经

瓶口包扎的纱布（一般是八层）或棉塞通入的，所以氧的传递与瓶口的大小、瓶口的几何形状、棉塞或纱布层的厚度和密度有关。在通常情况下，摇瓶的氧吸收系数取决于摇瓶机的特性和三角瓶的装样量。

往复式摇瓶机利用曲柄原理带动摇床作往复运动，机身为铁制或木制的长方形框子，有一层至三层托盘，托盘上开有圆孔备放培养瓶，孔中凸出一三角形橡皮，用以固定培养瓶并减少瓶的振动，传动机构一般采用二级皮带轮减速，调换调速皮带轮可改变往复频率。偏心轮上开有不同的偏心孔，以便调节偏心距。往复式摇瓶机的频率和偏心距的大小对氧的吸收有明显的影响。

旋转式摇瓶机是利用旋转的偏心轴使托盘摆动，托盘有一层或两层，可用不锈钢板、铝板或木板制造。托盘由 3 根呈等边三角形分布的偏心轴支撑，也有用滚动轴承作支撑的。在 3 个偏心轴上装有螺栓可调节上下，使托盘保持水平。这种摇瓶机结构复杂，造价也高。其优点是氧的传递较好、功率消耗小、培养基不会溅到瓶口的纱布上。

（6）净化工作台

随着微生物实验技术在分子生物学等研究领域中的广泛应用，使用单一的酒精灯已不能满足无菌操作的需要，净化工作台（又称超净工作台）（见图 1-2）的诞生满足了大台面无菌操作的需要。其工作原理是利用鼓风机，驱动空气通过高效空气微粒滤层净化后，徐徐通过工作台面，在操作场地形成无菌环境。净化工作台有外流式和侧流式两种。前者净化的空气流向操作者，对操作者无保护作用；后者净化气流从上向下流向工作台面，可保证操作者免受病菌或毒气的侵害。

图 1-2　净化工作台

1.3 微生物学实验器皿的洗涤、包扎与灭菌

1.3.1 微生物学实验室常用的玻璃器皿

微生物学实验室所用的玻璃器皿,大多要进行消毒、灭菌和用来培养微生物,因此对其质量、洗涤和包扎方法均有一定的要求。一般,玻璃器皿要求为硬质玻璃,才能承受高温和短暂灼烧而不致破损;器皿的游离碱含量要少,否则会影响培养基的酸碱度;对玻璃器皿的形状和包扎方法的要求,以能防止污染杂菌为准;洗涤方法不恰当也会影响实验结果。

1. 试管(Test Tube)

微生物学实验室所用玻璃试管,其管壁必须比化学实验室用的厚些,这样在塞棉花塞时,管口才不会破损。试管的形状要求没有翻口,不然微生物容易从棉塞与管口的缝隙间进入试管而造成污染。此外,现在有不用棉塞而用铝制或塑料制的试管帽,若用翻口试管也不便于盖试管帽。有的实验要求尽量减少试管内的水分蒸发,则需使用螺口试管,盖以螺口胶木或塑料帽。

试管的大小可根据用途的不同,准备下列 3 种型号。

(1)大试管(约 18 mm×180 mm):可盛培养皿用的培养基,亦可作制备琼脂斜面用(需要大量菌体时用)。

(2)中试管[(13~15) mm×(100~150) mm]:盛液体培养基或做琼脂斜面用,亦可用于病毒等的稀释和血清学实验。

(3)小试管[(10~12) mm×100 mm]:一般用于糖发酵实验或血清学实验,和其他需要节省材料的实验。

2. 德汉氏试管(Durham Fuke)

观察细菌在糖发酵培养基内产气情况时,一般在小试管内再套一倒置的小套管(约 6 mm×36 mm),此小套管即为德汉氏试管,又称杜氏小管、发酵小套管。

3. 吸管(移液管,Pipette)

(1)玻璃吸管(Glass Pipette)

微生物学实验室一般要准备 1 mL、5 mL、10 mL 的刻度玻璃吸管。与化学实

验室所用的不同,其刻度指示的容量往往包括管尖的液体体积,亦即使用时要注意将所吸液体吹尽,故有时称为"吹出"吸管。市售细菌学用吸管,有的在吸管上端刻有"吹"字。

除有刻度的吸管外,有时需用不计量的毛细吸管,又称滴管,来吸取动物体液和离心上清液以及滴加少量抗原、抗体等。

（2）活塞吸管（Piston Pipette）

主要用来吸取微量液体,故又称微量吸液器或微量加样器。除塑料外壳外,主要部件有按钮、弹簧、活塞和可装卸的吸嘴。按动按钮,通过弹簧使活塞上下活动,从而吸进和放出液体。其特点是容量固定,使用时不用观察刻度,操作方便、迅速：国内产品一般每个活塞吸管固定一种容量,分别有 5 μL、10 μL、20 μL、25 μL、50 μL、100 μL、200 μL、500 μL、1 000 μL 等不同容量。而精制的活塞吸管每个在一定的范围内可调节几个容积,例如在 5～25 μL 的范围内,可调节 5 μL、10 μL、15 μL、20 μL、25 μL 5 个不同的量,使用时按需要调节,但当调节固定后,每吸一次,容量仍是固定的。用毕只需调换吸嘴或将吸嘴洗净,消毒后再行使用。活塞吸管是国外 20 世纪 70 年代后半期才开始生产与应用的,近年来国内亦日益广泛应用于免疫学和使用同位素等的科学实验中。

4. 培养皿（Petri Dish）

常用的培养皿,皿底直径 90 mm,高 15 mm。培养皿一般均为玻璃皿盖,但有特殊需要时,可使用陶器皿盖,因其能吸收水分,使培养基表面干燥,例如测定抗生素生物效价时,培养皿不能倒置培养,则用陶器皿盖为好。

在培养皿内倒入适量固体培养基制成平板,用于分离、纯化、鉴定菌种,微生物计数以及测定抗生素、噬菌体的效价等。

5. 三角烧瓶（Erlenmeyer Flask）与烧杯（Beaker）

三角烧瓶有 100 mL、250 mL、500 mL、1 000 mL 等不同的规格,常用来盛无菌水、培养基和摇瓶发酵等。常用的烧杯有 50 mL、100 mL、250 mL、500 mL、1 000 mL等,用来配制培养基与药品。

6. 注射器（Injector）

注射器的规格有 1 mL、2 mL、5 mL、10 mL、20 mL、50 mL 等不同容量。向动物体内注射抗原可根据需要选用 1 mL、2 mL 和 5 mL 注射器。而抽取动物心脏血或采取绵羊静脉血选用 10 mL、20 mL、50 mL 注射器。

滴加微量样品时,常用微量注射器。微量注射器有 10 μL、20 μL、50 μL、100 μL 等不同规格,一般在免疫学或纸层析等实验中使用。

7. 载玻片（Alide）与盖玻片（Cover Slip）

常用的载玻片大小为 75 mm×25 mm,厚度为 1～1.3 mm。主要用于微生物涂片、染色和形态观察。常用的盖玻片为 18 mm×18 mm 和 24 mm×24 mm。

除普通载玻片外,还有作微室培养和悬滴观察用的凹玻片（见图 1-3）,即在玻片上有一个或两个圆形凹窝。

图 1-3　凹玻片

8. 双层瓶（Double Bottle）

双层瓶由内外两个玻璃瓶组成（见图 1-4）,内层为小的上粗下细的圆柱瓶,用于盛放香柏油,供油浸物镜观察微生物时使用。外层为锥形瓶,用于盛放二甲苯,清洁油浸物镜时使用。

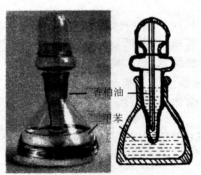

图 1-4　双层瓶

9. 滴瓶（Dropper Bottle）

滴瓶的规格大小不等,分棕色和无色两种。用来盛各种染色剂、试剂和生理盐水等（见图 1-5）。

图 1-5　滴瓶

10. 接种工具

　　微生物接种使用的接种工具有接种环、接种针、接种钩、接种铲、玻璃刮铲等（见图 1-6）。接种环供挑取菌苔或液体培养物进行接种用。环前端要求圆而闭合，否则液体不会在环内形成菌膜。接种针用于穿刺接种和直线接种。接种钩用于丝状真菌的接种。接种铲用于大量菌体的移接。玻璃刮铲用于稀释平板的涂抹，在进行微生物的分离或计数时使用。玻璃刮铲通常自做。将一段长约 30 cm、直径 5～6 mm 的玻璃棒，在喷灯火焰上把一端弯成"了"形或"△"，并使弯端的平面略向下。玻璃刮铲接触平板的一侧，要求平直光滑，使之既能进行均匀涂布，又不会刮伤平板的琼脂表面。液体的接种通常用移液管，条件好的实验室也使用移液枪。移液枪使用起来既方便又安全。

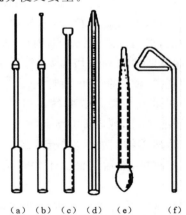

（a）　（b）　（c）　（d）　（e）　　　（f）

图 1-6　常用接种工具

（a）接种针；（b）接种环；（c）接种铲；（d）移液管；（e）滴管；（f）玻璃刮铲

1.3.2 微生物学实验器皿的洗涤

1.玻璃器皿的洗涤

清洁的玻璃器皿是得到正确实验结果的先决条件。进行微生物学实验,必须清除器皿上的灰尘、油垢和无机盐等物质,保证不妨碍实验的正确结果。玻璃器皿的清洗应根据实验目的、器皿的种类、盛放的物品、洗涤剂的类别和洁净程度等不同而有所不同。

各种玻璃器皿的洗涤方法如下。

(1)新购置玻璃器皿的洗涤

新购置的玻璃器皿一般含较多游离碱,应先在2%盐酸或洗涤液内浸泡数小时,再用流水冲净。洗净后的试管倒置于试管筐内,三角瓶倒置于洗涤架上,培养皿的皿底和皿盖分开,依次压着皿边排列倒扣在桌上。晾干或在70~80 ℃干燥箱内烘干备用。

(2)使用过的玻璃器皿的洗涤方法

试管、培养皿、三角瓶、烧杯等可用试管刷、瓶刷或海绵沾上肥皂、洗衣粉或去污粉等洗涤剂刷洗,以除去黏附在皿壁上的灰尘或污垢,然后用自来水充分冲洗干净。热的肥皂水去污能力更强,能有效地洗去器皿上的油垢。用去污粉或洗衣粉刷洗之后较难冲洗干净附在器壁上的微小粒子,故要用水多次充分冲洗或用稀盐酸溶液摇洗一次,再用水冲洗,然后倒置于铁丝框内或洗涤架上,在室内晾干。

含有琼脂培养基的玻璃器皿要先刮去培养基,然后洗涤。如果琼脂培养基已经干涸,可将器皿放在水中蒸煮,使琼脂熔化后趁热倒出,然后用清水洗涤,并用刷子刷其内壁,以除去壁上的灰尘或污垢。带菌的器皿洗涤前应先在2%来苏尔或0.25%新洁尔灭消毒液内浸泡24 h,或煮沸0.5 h,再用清水洗涤。带菌的培养物应先行高压蒸汽灭菌,然后将培养物倒去,再进行洗涤。盛有液体或固体培养物的器皿,应先将培养物倒在废液缸中,然后洗涤。不要将培养物直接倒入洗涤槽,否则会阻塞下水道。

玻璃器皿是否洗涤干净,洗涤后若水能在内壁上均匀分布成一薄层而不出现水珠,表示油垢完全洗净,若器皿壁上挂有水珠,应用洗涤液浸泡数小时,然后再用自来水冲洗干净。盛放一般培养基用的器皿经上法洗涤后即可使用。如果器皿要盛放精确配制的化学试剂或药品,则在用自来水洗涤后,还需用蒸馏水淋洗三次,晾干或烘干后备用。

（3）玻璃吸管

吸过血液、血清、糖溶液或染料溶液等的玻璃吸管（包括毛细吸管），使用后应立即投入盛有自来水的量筒或标本瓶内，免得干燥后难以冲洗干净。量筒或标本瓶底部应垫以脱脂棉花，否则吸管投入时容易破损。待实验完毕，再集中冲洗。若吸管顶部塞有棉花，则冲洗前先将吸管尖端与装在水龙头上的橡皮管连接，用水将棉花冲出，然后再装入吸管自动洗涤器内冲洗，没有吸管自动洗涤器的实验室可用冲出棉花的办法多冲洗片刻。必要时再用蒸馏水淋洗。洗干净后，放搪瓷盘中晾干，若要加速干燥，可放烘箱内烘干。

吸过含有微生物的吸管亦应立即投入盛有 2％来苏尔溶液或 0.25％新洁尔灭消毒液的量筒或标本瓶内，24 h 后方可取出冲洗。

吸管内壁若有油垢，同样应先在洗涤液内浸泡数小时，然后再行冲洗。

（4）载玻片与盖玻片的清洗

新载玻片和盖玻片应先在 2％的盐酸溶液中浸泡 1 h，然后用自来水冲洗 2～3次，用蒸馏水换洗 2～3 次，洗后烘干冷却或浸于 95％酒精中保存备用。

用过的载玻片与盖玻片如滴有香柏油，要先用皱纹纸擦去或浸在二甲苯内摇晃几次，使油垢溶解，再在肥皂水中煮沸 5～10 min，用软布或脱脂棉花擦拭，立即用自来水冲洗，然后在稀洗涤液中浸泡 0.5～2 h，自来水冲去洗涤液，最后再用蒸馏水换洗数次，待干后浸于 95％酒精中保存备用。使用时在火焰上烧去酒精。用此法洗涤和保存的载玻片和盖玻片清洁透亮，没有水珠。

检查过活菌的载玻片或盖玻片应先在 2％来苏尔溶液或 0.25％新洁尔灭溶液中浸泡 24 h，然后按上法洗涤与保存。

2. 洗涤剂的种类及应用

（1）水

水是最主要的洗涤剂，但只能洗去可溶解在水中的污物，不溶于水的污物如油、蜡等，必须用其他方法处理以后，再用水洗。要求比较洁净的器皿，清水洗过之后再用蒸馏水洗。

（2）肥皂

肥皂是很好的去污剂。一般肥皂的碱性并不十分强，不会损伤器皿和皮肤，所以洗涤时常用肥皂。使用方法多用湿刷子（试管刷、瓶刷）沾肥皂刷洗容器，再用水洗去肥皂。热的肥皂水（5％）去污能力更强，洗器皿上的油脂很有效。油脂很重的器皿，应先用纸将油层擦去，然后用肥皂水洗，洗时还可以加热煮沸。

（3）去污粉

去污粉内含有碳酸钠、碳酸镁等,有起泡沫和除油污的作用,有时也加一些食盐、硼砂等,以增加摩擦作用。用时将器皿润湿,将去污粉涂在污点上,用布或刷子擦拭,再用水洗去去污粉。一般玻璃器皿、搪瓷器皿等都可以使用去污粉。

（4）洗衣粉

目前我国生产的洗衣粉主要成分是烷基苯磺酸钠,为阴离子表面活性剂。在水中能解离成带有憎水基的阴离子。其去污能力主要是由于在水溶液中能降低水的表面张力,并发生润湿、乳化、分散和起泡等作用。洗衣粉去污能力强,特别能有效地去除油污。用洗衣粉擦拭过的玻璃器皿要充分用自来水漂洗,以除净残存的微粒。

（5）洗涤液

通常用的洗涤液是重铬酸钾（或重铬酸钠）的硫酸溶液,是一种强氧化剂,去污能力很强,实验室常用它来洗去玻璃和瓷质器皿上的有机物质。切不可用于金属器皿。

①配制

洗涤液的配方一般分浓配方和稀配方两种,可按下列配方来配制:

浓配方：重铬酸钾（工业用）   40.0 g

         蒸馏水   160.0 mL

         浓硫酸（粗）   800.0 mL

稀配方：重铬酸钾（工业用）   50.0 g

         蒸馏水   850.0 mL

         浓硫酸（粗）   100.0 mL

配制方法是将重铬酸钾溶解在蒸馏水中（可加热）,待冷却后,再慢慢地加入硫酸,边加边搅动。配好后存放备用。此液可用很多次,每次用后倒回原瓶中储存,直至溶液变成青褐色时才失去效用。

②原理

重铬酸钠或重铬酸钾与硫酸作用后形成铬酸（Chromic Acid）,铬酸的氧化能力极强,因而此液具有极强的去污作用。

③使用注意事项。具体内容如下:

· 盛洗涤液的容器应始终加盖,以防氧化变质。玻璃器皿投入洗涤剂之前应尽量干燥,避免洗涤液稀释。如要加快作用速度,可将洗涤液加热至 40～50 ℃进行洗涤。

·器皿上有大量的有机质时,不可直接加洗涤液,应尽可能先行清除,再用洗涤液,否则会使洗涤液很快失效。

·用洗涤液洗过的器皿,应立即用水冲至无色为止。

·洗涤液有强腐蚀性,溅于桌椅上,应立即用水洗或用湿布擦去。皮肤及衣服上沾有洗涤液,应立即用水洗,然后用苏打(碳酸钠)水或氨液洗。

·洗涤液仅限于玻璃和瓷质器皿的清洗,不适于金属和塑料器皿。

3.洗涤工作注意事项

(1)任何洗涤方法,都不应对玻璃器皿有所损伤。所以不能使用对玻璃有腐蚀作用的化学药剂,也不能使用比玻璃硬度大的物品来擦拭玻璃器皿。

(2)用过的器皿应立即洗涤,有时放置太久会增加洗涤的困难,随时洗涤还可以提高器皿的使用率。

(3)含有对人有传染性的或者是属于植物检疫范围内的微生物的试管、培养皿及其他容器,应先浸在消毒液内或蒸煮灭菌后再行洗涤。

(4)盛过有毒物品的器皿,不要与其他器皿放在一起。

(5)难洗涤的器皿不要与易洗涤的器皿放在一起,以免增加洗涤的麻烦。有油的器皿不要与无油的器皿混在一起,否则会使本来无油的器皿沾上了油污,浪费药剂和时间。

(6)强酸强碱及其他氧化物和有挥发性的有毒物品,都不能倒在洗涤槽内,必须倒在废液缸内。

1.3.3　玻璃器皿的包扎

1.培养皿的包扎

洗净烘干后的培养皿,每 5～10 套叠在一起,用牛皮纸或旧报纸包紧,干热或湿热灭菌。也可不用纸包扎,直接放入特制的金属筒内,加盖干热灭菌。

2.吸管的包扎

在干燥吸管的上端约 0.5 cm 处,塞入一小段 1～1.5 cm 长的棉花(勿用脱脂棉),目的是避免将外界或嘴中杂菌吹入管内,或不慎将菌液吸出管外。棉花松紧要合适,若过紧,吹吸液体太费力;过松,吹气时棉花则会下滑。

挑取 3～4 cm 宽的长纸条,将吸管尖端斜放在纸条的一端,与纸约成 30°角,折叠纸条包住尖端,左手握住吸管身,右手将吸管压紧,在桌面上向前搓转,以螺旋式包扎。上端多余的纸条打一小结(见图1-7)。包好的多支吸管可再用一张大报纸包成一束灭菌。干热灭菌时,吸管可不用报纸包扎,直接放入不锈钢筒内,只需尖端朝筒底。使用时,从吸管中间拧断纸条,抽出吸管。

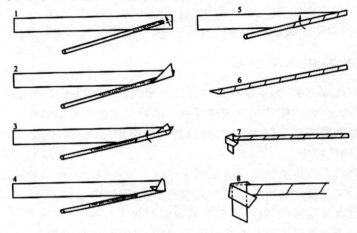

图 1-7 单支吸管的包扎方法

3.试管和三角瓶的包扎

试管塞上棉花塞,三角瓶塞上棉花塞或"通气式"纱布塞(用8层纱布代替棉花制成的塞子),目的是提供通气条件和防止杂菌污染,外用牛皮纸或两层旧报纸与细线扎好。试管可以多支扎成一捆灭菌。

4.三角爬的包扎

将洗净的三角爬放在垫有纱布的铝盒里,上面再用纱布盖好,盖好铝盒盖就可以灭菌使用了。

5.接种环、接种铲的包扎

将接种环和接种铲放在灭菌口袋中(注意接种环、接种铲的头放在里边),外面再用旧报纸或牛皮纸包好灭菌。

制作灭菌袋采用市售棉白布,做成长40 cm、宽15 cm的口袋。口袋底最好是两层,以免接种环或接种铲扎漏。

1.3.4　微生物学实验器皿的灭菌

器皿灭菌是指采用物理和化学方法杀死器皿中的一切微生物。常用的方法有高压蒸汽灭菌、高温干热灭菌和火焰烧灼灭菌等,具体采用哪种方法,应根据不同情况而定。

1. 实验室、培养室和摇床间的消毒

实验室、培养室和摇床间是观察、培养微生物的专用场所。为确保室内洁净,要做到定期消毒,一般可采用 5% 的来苏尔喷洒全室,清洁地面,再用紫外灯照射。

2. 培养箱、冰箱的消毒

培养箱和冰箱的消毒一般可采用 5% 的来苏尔擦洗箱内,再用手提紫外灯照射灭菌。

3. 玻璃器皿的灭菌

玻璃器皿的灭菌多采用高温干热灭菌,也可以采用高压蒸汽灭菌。

高温干热灭菌通常用烘箱于 $160 \sim 170$ ℃灭菌 2 h。注意灭菌前器皿必须是干燥的,避免升温引起玻璃的破碎。灭菌后,温度降到 60 ℃以下时方可打开门,否则玻璃可能因突然遇冷而破碎。

高压蒸汽灭菌是将物品放在密闭的高压蒸汽灭菌锅中,通常以 0.1 MPa、121 ℃灭菌 $20 \sim 30$ min。

4. 塑料器皿的灭菌

塑料器皿和不能采用加热灭菌的材料一般采用辐射灭菌和化学药品灭菌。目前应用的杀菌射线有紫外线和 ^{60}Co-γ 射线。波长在 $200 \sim 300$ nm 的紫外线,容易被细胞中的核酸吸收,可以用于杀菌,但紫外线的穿透力弱,因此,只适用于器皿表层杀菌。^{60}Co-γ 射线的穿透力强,可在包装完好的情况下灭菌。

实验室中不能遇热的器皿消毒,也可采用化学药品灭菌,常用的化学药品有:0.25% 新洁尔灭、3% ～ 5% 的甲醛溶液、75% 酒精等。

5. 接种工具等的灭菌

接种环、接种铲和某些金属用具可以用高压蒸气灭菌法,也可以用火焰烧灼灭

菌法,将接种环或接种铲在火焰上烧红数分钟,冷后使用。

1.4 微生物学实验报告的书写

实验报告是对实验观察、比较或结果的真实记载,是科学的记录。实验报告的形式可以根据实验内容的不同而分为文字描述、绘图、制图和列表几种形式。

(1)文字描述

文字描述是将观察所得的实验结果客观地加以描述,有时还需要做进一步分析。在此过程中,要抓住主要问题,描述准确,条理清楚,文字简明。

(2)绘图

将所观察标本的形态结构或显微镜下观察视野图,通过作图的方式来表达。

①准备一支 3H 或 HB 黑铅笔及橡皮、直尺、绘图纸和削笔刀。绘图必须真实准确,注意整洁明了。不可抄袭教材或他人的图。

②图中的各部分比例应与标本或图像一致,在绘图纸的一面绘图,每幅图的大小、位置必须分配适宜,布局合理。一般较大的图,每页绘一个,较小的图可绘数个。

③图的位置一般偏于纸的左侧,右侧作引线及注字。

④绘图时,先用软铅笔(HB)把标本轮廓及主要部分轻轻绘出,然后添加各部分详细结构,再加以修改,最后用尖的硬铅笔(3H)以清晰的笔画绘出全图。

⑤绘图纸上所有的字必须用硬铅笔以楷书写出,不可潦草。注字引线应水平伸出,各引线不能交叉,图的名称应写在图的下面。

(3)制图

实验报告中用图形可以表达信息,图形有多种,如曲线图、柱形图、三维图、扇形图等。图形经常表明两种变量(x 和 y)之间的关系,两个数轴是相互垂直的。横轴为横坐标(x 轴),纵轴为纵坐标(y 轴)。通常,x 轴表示自变量(如某实验处理),y 轴表示因变量(如生物效应)。每个数轴都要有说明性的标注和合适的测量单位。每个数轴都要有刻度和参照标记。

(4)制表

表格通常是简洁、准确、有条理地表示数值型数据的合适方式,它能有效地压缩和展示实验结果,并有助于详尽地对数据进行比较。

表格包括的内容如下：

①标题。必要时写上参考标注和日期。

②行和列的表头。附上合适的测量单位。将相关数据或特性按类别垂直列出，用行展示不同的实验处理、生物类型等。对照值常放在表格的开头，相互比较的列要靠在一起。

③数据值。引用有意义的有效数字，根据需要列出统计参数。

④脚注。解释缩写符号、修饰符号及某个细节。

第2章　微生物学实验基本操作技术

微生物学实验是生命科学的一门基础实验课程,有一整套的基本操作技术。本章主要对微生物学实验基本操作技术进行论述,内容包括微生物显微技术,微生物消毒、灭菌与除菌技术,微生物培养、纯种分离技术,以及微生物菌种鉴定、保藏技术。

2.1　微生物显微技术

2.1.1　显微技术概述

显微技术(Microscopy)是利用光学系统或电子光学系统设备,观察肉眼所不能分辨的微小物体形态结构及其特性的技术。包括:①各种显微镜的基本原理、操作和应用的技术;②显微镜样品的制备技术;③观察结果的记录、分析和处理的技术。

微生物个体微小,必须利用显微镜才能观察到它们的形态。根据光源不同,显微镜可分为光学显微镜和电子显微镜两大类。前者以可见光(紫外线显微镜以紫外光)为光源,后者则以电子束为光源。光学显微镜主要有普通光学显微镜、荧光显微镜、暗视野显微镜、相差显微镜、倒置显微镜、微分干涉差显微镜和激光共聚焦扫描显微镜;电子显微镜主要有透射电子显微镜和扫描电子显微镜。

不同显微镜有不同的制片要求,但总体都需要注意:①在制片时尽可能保持材料的结构和某些化学成分生活时的状态;②制片必须薄而透明;③需长期保存的制片,还应进行脱水和封固。

光学显微镜所观察到的图像结果能够被肉眼所接收和识别,可直接用笔依像勾画,即可记录,也可用显微摄影或录像进行记录。电子显微镜分辨率高,用于观察极精细的结构,但必须在图像和样品之间加以校正和分析才能获得理想的图像。

2.1.2　普通光学显微镜

1.普通光学显微镜的基本构造

普通光学显微镜由机械装置和光学系统两部分组成,如图 2-1 所示。

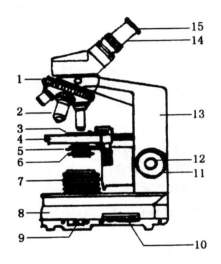

图 2-1　复式光学显微镜构造示意

1—物镜转换器;2—物镜;3—游标卡尺;4—载物台;5—集光器;6—彩虹光阑;
7—光源;8—镜座;9—电源开关;10—光源滑动变阻器;11—粗调螺旋;
12—微调螺旋;13—镜臂;14—镜筒;15—目镜

(1)机械装置

显微镜的机械装置由镜座、镜臂、载物台、镜筒、物镜转换器和调焦装置等组成。

①镜座(Base)和镜臂(Arm)

镜座是显微镜的基座,位于显微镜的最底部,多呈马蹄形、三角形、圆形和丁字形。镜臂是显微镜的脊梁,用以支持镜筒、载物台和照明装置。对于镜筒能升降的显微镜,镜臂是活动的;对于载物台是活动的显微镜,镜臂和镜座是固定的。

②镜筒(Body Tube)

镜筒是连接目镜和物镜的金属空心圆筒,圆筒的上端可插入目镜,下端与物镜转换器相连。镜筒长度一般为 160 mm。镜筒有单筒和双筒两种,单筒又可分为直立式和后倾式。而双筒都是倾斜式的,倾斜式镜筒倾斜 45°。双筒中的一个目镜有屈光调节装置,以备在两眼视力不同的情况下调节使用。

③物镜转换器(Nosepiece)

物镜转换器位于镜筒的下端,它是由两个金属碟所合成的一个可以旋转的圆盘,其上装有 3～4 个不同放大倍数的物镜,可以随时转换物镜与相应的目镜构成一组光学系统。由于物镜长度的配合,镜头转换后仅需稍微调焦,即可观察到清晰的物像。

④载物台(Stage)

载物台又称镜台,是放置被检标本的平台,呈方形或圆形,中心部位有一个通光孔。一般方形载物台上装有标本移动器,转动螺旋可使标本前后、左右移动。有的在移动器上装有游标尺,构成精密的平面直角坐标系,以便固定标本位置重复观察。

⑤调焦装置(Focusing Adjustment)

位于镜臂两侧,由两组不同的螺旋组成,一组为粗调螺旋(Course Adjustment),即粗调节器,一组为细调螺旋(Fine Adjustment),即微调节器,利用它们使镜筒或镜台上下移动。当被检物体在物镜和目镜焦点上时则能得到清晰的物像。粗调螺旋移动的距离较大,微调螺旋移动的距离较小(每转动一周上下移动0.1 mm)。因此只有在用粗动螺旋得到较清晰的物像后,才使用微调螺旋。

(2)光学系统

显微镜的光学系统包括物镜、目镜、聚光器、彩虹光阑、反光镜等。

①物镜(Objective)

安装于镜筒下端的转换器上,因接近被观察的物体,也称接物镜。它是在金属圆筒内由胶粘接的许多块透镜组成。光线照射标本,通过物镜形成第一次放大的、倒立的实物像。物镜上通常标有数值口径(Numerical Aperture,$N. A$)、放大倍数、镜筒长度和焦距等主要参数。

②目镜

目镜一般由两块透镜组成,上面一块为接目透镜,下面一块为场镜/聚透镜,两块透镜中间或场镜的下方有一视场光圈。在进行显微测量时,目镜测微尺便要放在视场光圈上。目镜上标有 5×、10×、15× 等放大倍数,不同放大倍数的目镜其口径是统一的,可互换使用。目镜的焦距较短,其功能是把物镜放大的像再进行一次放大,成虚像。

③聚光器

聚光器由两个或几个透镜组成,利用调节螺旋可以上下调节。其作用是会聚从光源射来光线,集合成束,以增强照明强度,然后经过标本射入物镜中去。这样,在观察标本时,就能得到充足的光线使物像更清晰。物镜的分辨率受聚光镜数值孔径的影响。

物镜的有效数值孔径＝(物镜数值孔径＋聚光镜数值孔径)/2

假如物镜的数值孔径为 1.2,若与数值孔径为 0.5 的聚光镜配合使用时,物镜的有效数值孔径为 0.85。

④彩虹光阑

它由许多金属薄片组成,中心形成圆孔,推动把手能连续而迅速地改变中央孔径,调整透进光的强弱。光阑越大,透过的光束越粗,光量也愈多。用高倍镜观察时应开大光阑,使视野明亮;若观察活体标本或未染色标本,应缩小光阑,以增强物体的明暗对比度。但是,彩虹光阑过小会减小锥形光柱的角度,从而降低物镜数值口径的利用率,减小分辨能力。彩虹光阑过大,锥形光柱的角度也过大,光线将在物镜和镜筒内发生反射,影响清晰度。

⑤反光镜

较高级的显微镜其光源安装在显微镜的镜座内,通过按钮开关来控制;普通显微镜大多数采用附着在镜座上的反光镜,反光镜是一个两面镜子,可以自由转动方向,将光线送至聚光器。在使用低倍镜和高倍镜时,用平面反光镜;使用油镜或光线较差时,使用凹面反光镜。

2. 普通光学显微镜的成像原理

普通光学显微镜的成像原理如图 2-2 所示。将被检物体置于集光器和物镜之间,平行的光线自反射镜折入聚光器,光线经过聚光器穿过透明的物体进入物镜后,即在目镜的焦点平面(光阑部位或附近)上形成一个初生倒置的实像。从初生实像射过来的光线,经过目镜的接目透镜而达到眼球。这时的光线已变成或接近平行光,再透过眼球的水晶体时,便在视网膜后形成一个直立的实像。

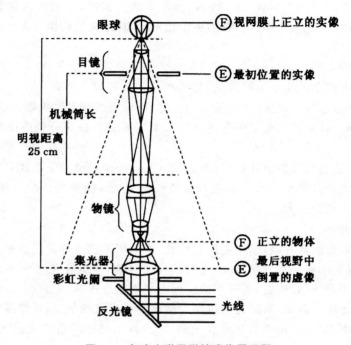

眼球 —— Ⓕ 视网膜上正立的实像

目镜 —— Ⓔ 最初位置的实像

机械筒长

明视距离
25 cm

物镜

集光器 —— Ⓕ 正立的物体
彩虹光阑 —— Ⓔ 最后视野中
倒置的虚像

反光镜 —— 光线

图 2-2　复式光学显微镜成像原理图

3.油镜的基本原理

油镜,也称油浸物镜,一般在镜头上标有"HI"和"HO"字样,或在镜头下缘刻有1～2道黑线作为标记。使用油镜时,需将镜头浸在香柏油中进行观察,这是为了消除光由一种介质进入另一种介质时发生散射,结果不仅提高了放大倍数,还增加了照明度和分辨率。

(1)照明度高

油镜与其他物镜不同之处在于玻片和物镜之间的介质不是空气,而是一种和玻璃折射率($n = 1.52$)相近的香柏油($n = 1.515$)。如果玻片与物镜之间的介质是空气($n = 1.00$),光线通过玻片后发生散射,进入视场的光线显然减少,结果降低了视场亮度。当光线通过玻片又通过香柏油进入物镜时就不发生散射,结果提高了照明度,观察的标本显得更清晰(见图 2-3)。

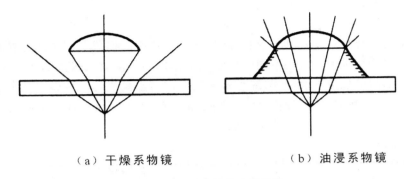

　（a）干燥系物镜　　　　　　　（b）油浸系物镜

图 2-3　两种物镜的光线通路

（2）分辨率强

使用油镜还能增加显微镜的分辨率。由于显微镜分辨率与物镜的数值口径（$N.A$）成正比，与光波波长成反比。因此，物镜的数值口径愈大，光波波长愈短，则显微镜的分辨率就愈大。人们肉眼所能感受的光波平均长度为 $0.55~\mu m$，假如数值口径 $N.A=0.65$ 高倍物镜，能分辨两点之间的最小距离为 $0.42~\mu m$，而小于 $0.42~\mu m$ 的两点之间距离就分辨不出，而使用数值口径 $N.A=1.25$ 油镜，能分辨两点之间的最小距离 $=0.552\times1.25=0.22~\mu m$。因为不论总放大倍数多大，用普通光学显微镜是无法观察到小于 $0.2~\mu m$ 的物体。但是大部分细菌直径在 $0.5~\mu m$ 以上，故用油镜就能清晰地观察到细菌的个体形态。

2.1.3　相差显微镜

活的生物细胞内部结构一般无色透明，光线通过细胞时，光的波长（颜色）和振幅（亮度）变化不大，因此用普通光学显微镜看不清活细胞内部的细微结构。P. Zernike 于 1932 年发明了相差显微镜（Phase Contrast Microscope），并因此获 1953 年诺贝尔物理学奖。相差显微镜又称相衬显微镜，是一种能将光线通过透明标本时所产生的人眼睛不能分辨的光程差（相位差）转化为人眼睛所能够分辨的光强差（振幅差）的显微镜，从而使细胞内部的细微结构能在相差显微镜下清晰可见。

1. 相差显微镜的结构

相差显微镜的结构和普通的显微镜相似，所不同的是它有特殊的结构：环状光阑、相板、合轴调节望远镜和滤光片。

（1）环状光阑

其上有一环形开孔，照明光线只能从环形的透明区形成一圆柱形光柱进入聚光镜再斜射到标本上。大小不同的环状光阑分别和不同放大倍数的物镜相匹配，位于聚光器的前焦点平面上，与聚光器一起组成转盘聚光器。在转盘的前端有一标示孔，表示当前的光阑种类，表示普通聚光镜，10、20、40、100 分别表示要和 10×、20×、40×、100× 的物镜相匹配。

（2）相板

相差物镜的后焦平面上装有相板，这是相差显微镜很重要的结构。相板上有环状光阑相对应的环状共轭面和补偿面，相板上镀有 2 种金属膜，即吸收膜和相位膜。吸收膜上镀有铬、银等金属，能吸收通过光线的 60%～90%；相位膜上则镀有氟化镁，能把通过的光线相位推迟 1/4 个波长。

（3）合轴调节望远镜

环状光阑的光环和相差物镜中的相位环很小．使用合轴调节望远镜可以调节两环的环孔相互吻合，光轴完全一致。

（4）滤光片

一般显微镜使用的光源为复色光，常引起相位的变化。为获得良好稳定的相差效果，相差显微镜要求使用波长范围比较窄的单色光。通常采用绿色滤光片来过滤光线，这是因为绿色滤光片滤光效果好，且由于能吸收产热的红光和蓝光，有利于观察活体细胞。

2. 相差显微镜的成像原理

相差显微镜的光路图如图 2-4 所示。从光源发出的光线通过环状光阑形成光柱，光柱经聚光器聚成光束照射在被检物体上，有细胞结构的地方光线既发生直射又发生衍射，背景处光线只发生直射；光线到达相板后，直射光通过共轭面，而衍射光通过补偿面，由于相板上共轭面和补偿面上的金属膜不同，会使这两部分光线产生一定程度的相位差和强度的减弱，当这两部分光线通过透镜会聚进入同一光路后会产生光的干涉现象，将人眼不可觉察的相位差变成人眼可觉察的振幅差即光强度。

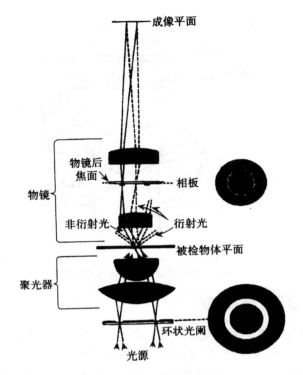

图 2-4　相差显微镜成像原理

2.1.4　暗视野显微镜

暗视野显微镜(Dark Field Microscope)又称暗场显微镜,其工作的原理是用侧光照射样品,使样品产生散射光来分辨标本的细节。

暗视野显微镜的结构和普通光学显微镜基本相同,暗视野显微镜特殊的地方是采用了暗场聚光器(见图 2-5)。暗场聚光器的结构使光线不能由下而上垂直通过被检物体,而是使光线改变方向,使其斜向射向标本;只有从标本上反射或衍射的光线才能进入物镜和目镜,而照明光线则不能进入物镜和目镜,这样就能够在黑暗的背景中看到标本受光侧面清晰明亮的轮廓。暗视野显微镜能观察到 $0.004\sim0.2\ \mu m$ 大小的细节。

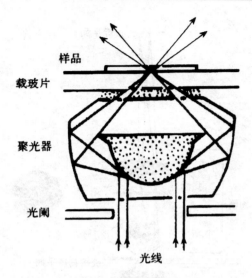

图 2-5　暗视野显微镜的暗场聚光器

2.1.5　荧光显微镜

荧光显微镜是一种较为常用的光学显微镜,它多以紫外光为光源,用以照射被检物体,使之激发出可见荧光,以观察物体的形状及其所在位置。按照荧光源位置的不同,荧光显微镜分为透射式和落射式两种,它们均可用于研究细胞内物质的吸收、运输、化学物质的分布及定位等。

荧光显微镜和普通显微镜的主要区别:①照明方式通常为落射式,即光源通过物镜投射于样品上;②光源为紫外光,波长较短,分辨力高于普通显微镜;③有两个特殊的滤光片,光源前的滤光片用以滤除可见光,目镜和物镜之间的用于滤除紫外线,以保护人的眼睛。

2.1.6　倒置显微镜

倒置显微镜的组成和普通显微镜一样,只不过物镜与照明系统颠倒,前者在载物台之下,后者在载物台之上。它和放大镜起着同样的作用,就是把近处的微小物体成一放大的像,只是它比放大镜具有更高的放大率而已。主要用于细胞、组织培养、悬浮体、沉淀物等的观察,并可连续观察细胞在培养液中繁殖分裂的过程。在细胞学、寄生虫学、肿瘤学、免疫学与工业微生物学等领域中应用广泛。

2.1.7　激光共聚焦扫描显微镜

激光共聚焦扫描显微镜用激光作扫描光源,逐点、逐行、逐面快速扫描成像,扫描的激光与荧光收集共用一个物镜,物镜的焦点即扫描激光的聚焦点,也是瞬时成像的物点。由于激光束的波长较短,光束很细,所以激光共聚焦扫描显微镜有较高的分辨力,大约是普通光学显微镜的 3 倍。系统经一次调焦,扫描限制在样品的一个平面内。调焦深度不一样时,就可以获得样品不同深度层次的图像,这些图像信息都储存于计算机内,通过计算机分析和模拟,就能显示细胞样品的立体结构。

与普通光学显微镜相比,激光共聚焦扫描显微镜具有更高的分辨率,既可以用于观察细胞形态,也可以用于细胞内生化成分的定量分析、光密度统计以及细胞形态的测量,配合焦点稳定系统可以实现长时间活细胞动态观察。

2.1.8　电子显微镜

简称电镜,是根据电子光学原理,用电子束和电子透镜代替光束和光学透镜。使物质的细微结构在非常高的放大倍数下成像的仪器。用于观察小于 $0.2\ \mu m$ 的亚显微结构或超微结构。

1. 透射电子显微镜

以电子束为光源的透射电子显微镜(Transmission Electron Microscopy, TEM)(见图 2-6),是 Ruska 在 1932 年发明的,它是把经加速和聚集的电子束投射到非常薄的样品上,电子与样品中的原子碰撞而改变方向,从而产生立体角散射。散射角的大小与样品的密度、厚度相关,因此可以形成明暗不同的影像。

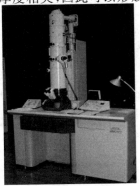

图 2-6　透射电子显微镜

透射电子显微镜在材料科学、生物学上应用较多。由于电子易散射或被物体吸收，故穿透力低，样品的密度、厚度等都会影响到最后的成像质量。必须制备超薄切片，通常为 50～100 nm。样品处理的方法有：超薄切片法、冷冻超薄切片法、冷冻蚀刻法、冷冻断裂法等。对于液体样品，通常是挂在预处理过的铜网上进行观察。

2. 扫描电子显微镜

扫描电子显微镜（Scanning Electron Microscope，SEM）（见图 2-7）是 1965 年发明的较现代的细胞生物学研究工具。主要是利用二次电子信号成像来观察标本的表面结构，即用极狭窄的电子束去扫描样品，通过电子束与样品的相互作用产生各种效应，其中主要是样品的二次电子发射。二次电子能够产生样品表面放大的形貌像，这个像是在样品被扫描时按时序建立起来的，即使用逐点成像的方法获得放大像。

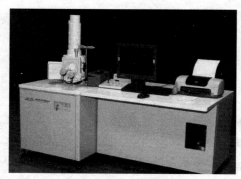

图 2-7　扫描电子显微镜

目前扫描电镜的分辨力为 6～10 nm，因为人眼能够区别荧光屏上两个相距 0.2 mm 的光点，则扫描电镜的最大有效放大倍率为 0.2 mm/10 nm＝20 000。

扫描电镜的应用范围很广，在生物学、医学、遗传学、细胞生物学及材料科学、工农业等方面广泛应用。可用于研究样品表面的超微结构，可以用胶体金免疫标记细胞膜上的抗原（抗体），可以抽提处理单层细胞以显示其细胞骨架，还可以用冷冻蚀刻技术研究细胞中各种细胞器的结构。

2.2　微生物消毒、灭菌与除菌技术

2.2.1　微生物消毒技术

消毒(Disinfection)是用较温和的物理或化学方法杀死物体上绝大多数微生物,主要是病原微生物和有害微生物的营养细胞。

1.化学药物消毒

化学药物消毒技术是利用化学药物渗透微生物体内,使菌体蛋白凝固变性,干扰微生物酶的活性,破坏其生理功能,从而除去微生物的方法。化学消毒剂仅对微生物繁殖体有效,不能杀灭芽孢。化学药物消毒技术适用于生产车间环境的消毒、接种操作前小型器具的消毒等。

(1)气体消毒

是指采用气态消毒剂(如臭氧、环氧乙烷、甲醛和过氧乙酸蒸汽等)进行消毒的技术。该法特别适合环境消毒以及不适合加热消毒的医用器具、设备和设施的消毒,亦可用于粉末注射剂,但不适用于对产品质量有损害的场合。

(2)液体消毒

是指采用液体消毒剂进行消毒的技术。该法常作为其他消毒方法的辅助措施,适合于皮肤、无菌器具和设备的消毒。常采用的消毒液有 75% 乙醇、0.1%～0.25% 高锰酸钾、0.02%～0.2% 的过氧乙酸、0.1%～0.2% 苯扎溴铵(新洁尔灭)、2% 左右的戊二醛等。

2.辐射消毒

辐射消毒技术是利用电磁波、紫外线、X 射线、γ 射线或加速电子射线(最为常见的是 ^{60}Co 和 ^{137}Cs 的 γ 射线)以及低温等离子等对物品的穿透力杀死物品中微生物的一种冷消毒技术。

(1)紫外线消毒

紫外灯是人工制造的人工水银灯,能辐射出主要波长为 253.7 nm 的紫外线,杀菌能力强且稳定。当微生物被紫外线照射时,其细胞的部分氨基酸和核酸吸收紫外线,产生光化学作用,引起细胞内这些成分的变性失活,从而导致微生物的死亡。紫外线进行直线传播,其强度与距离平方成比例地减弱,并可被不同的表面反射,穿透力弱,仅适用于表面灭菌和无菌室、培养室等空间的消毒,不适用于培养基的消毒。

(2)远红外线消毒

食品中的很多成分及微生物在 $3\sim10\ \mu m$ 的远红外区有强烈的吸收。远红外加热消毒不需要传媒,热直接由物体表面传递到内部,因此不仅可用于一般的粉状和块状食品的消毒,而且还可用于坚果类食品(如咖啡豆、花生)、谷物以及袋装食品的消毒。

(3)微波消毒

微波消毒是微波热效应和生物效应共同作用的结果。微波对细菌的生物效应是微波电场改变细胞膜断面的电位分布,影响细胞膜周围电子和离子浓度,从而改变细胞膜的通透性能,使细菌营养不良,不能正常新陈代谢,生长发育受阻碍而死亡。微波消毒正是利用电磁场效应和生物效应使微生物致死。实践证明,微波消毒具有穿透力强、节约能源、加热效率高、适用范围广等特点,而且微波消毒便于控制,加热均匀,食品的营养成分及色、香、味在消毒后仍接近食物的天然品质。

(4)低温等离子消毒

等离子体是指不断从外部对物质施加能量而使其离解成阴、阳电荷粒子的物质状态。低温等离子体的消毒机理主要 3 种:①等离子体形成过程中产生的大量紫外线直接破坏微生物的基因物质;②紫外光子固有的光解作用打破微生物分子的化学键,最后生成挥发性的化合物,如 $CO、CH_x$;③通过等离子体的蚀刻作用,即等离子体中活性物质与微生物体内的蛋白质和核酸发生化学反应,能够破坏微生物和扰乱微生物的生存功能。低温等离子体消毒技术具有时间短、操作温度低、适用范围广泛的优点,因此这一技术已广泛应用于食品加工和医疗卫生等领域。

3. 湿热消毒

湿热消毒主要通过加热杀死微生物,是较为常用的方法。

(1)煮沸消毒

100 ℃下煮沸 5 min 可杀死一切细菌的繁殖体,一般消毒以煮沸 10 min 为宜。一般用于外科器械、注射器、饮水和食具的消毒。

(2)巴氏消毒

是一种低温湿热消毒技术,专用于牛奶、啤酒、果酒或酱油等不宜进行高温消毒的液态风味食品或调料的消毒。此法既可杀灭物品中的无芽孢病原菌,又不影响其原有风味。其方法可分两类:第一类是低温维持法,如用于牛奶消毒在 63 ℃维持 30 min 即可;第二类是高温瞬时法,该法消毒牛奶只需在 72 ℃下保持 15 s。

2.2.2　微生物灭菌与除菌技术

采用强烈的理化因素使任何物体内外所有微生物的营养体、芽孢和孢子永远丧失其生长繁殖能力的过程称为灭菌(Sterilization)。

在微生物学实验、生产和科学研究工作中,需要进行微生物纯培养,不能有任何外来杂菌。因此,对所用材料、培养基要进行严格灭菌,对工作场所进行消毒。以保证工作顺利进行。

实验室最常用的灭菌方法是利用高温处理达到杀菌效果。高温的致死作用,主要是使微生物的蛋白质和核酸等重要生物大分子发生变性。高温灭菌分为干热灭菌和湿热灭菌两大类。湿热灭菌的效果比干热灭菌好,这是因为湿热条件下热量易于传递,更容易破坏保持蛋白质稳定性的氢键等结构,从而加速其变性。此外,过滤除菌、紫外光杀菌、化学药物灭菌等也是微生物学操作中不可缺少的常用方法。

1. 干热灭菌

干热可使细胞膜破坏、蛋白质变性和原生质脱水,并可使各种细胞成分发生氧化变质,从而导致微生物菌体死亡。

(1)火焰灼烧法

也称焚烧灭菌,即以火直接焚烧或灼烧被灭菌的物品,是一种迅速且最彻底的灭菌方法。该法适用微生物接种工具(如接种环、接种针等)及其他金属工具、试管口或锥形瓶口、吸管等工具的灭菌。

(2)干热空气灭菌法

即用干燥热空气杀死微生物。通常将灭菌物品放入干燥灭菌器(烘箱、干燥箱等)中,在 160～170 ℃下维持 1～2 h。灭菌时间可根据灭菌物品性质与体积作调整,以彻底除菌。该法主要适用于试管、吸管、培养皿、烧瓶等空玻璃器皿和各种解剖、手术器械等物品的灭菌。在使用干热灭菌时需注意:①灭菌物品(培养皿、试管、吸管等)在灭菌前应洗净、晾干并包装(常用锡箔纸、铁盒、铝盒等)后才能放入烘箱内;②物品在箱内不能放得太满,一般不超过总容量的 65%,灭菌物品间应留有空隙;③灭菌完毕,要自然降温至 70 ℃以下时再打开箱门取出灭菌物品。

2. 湿热灭菌

湿热灭菌法比干热灭菌法更有效。湿热灭菌是利用蒸汽灭菌。在相同温度下,湿热灭菌效力比干热灭菌好的原因是。

(1)蒸汽对细胞成分的破坏作用更强。水分子的存在有助于破坏维持蛋白质三维结构的氢键和其他相互作用弱键,更易使蛋白质变性。蛋白质含水量与其凝固温度成反比(见表2-1)。

表 2-1　蛋白质含水量与其凝固温度的关系

蛋白质含水量/%	蛋白质凝固点/℃
50	56
25	74～80
18	80～90
6	145

(2)蒸汽比热空气穿透力强,能更加有效地杀灭微生物。

(3)蒸汽存在潜热,当水由气态转变为液态时可放出大量热量,故可迅速提高灭菌物体的温度。

多数细菌和真菌的营养细胞在 60 ℃左右处理 15 min 后即可被杀死,酵母菌和真菌的孢子要耐热些,要用 80 ℃以上的温度处理才能杀死,而细菌的芽孢更耐热,一般要在 120 ℃下处理 15 min 才能被杀死。湿热灭菌常用的方法有常压蒸汽灭菌和高压蒸汽灭菌。

(1)常压蒸汽灭菌

常压蒸汽灭菌是湿热灭菌的方法之一,是在不能密闭的容器里产生蒸汽进行灭菌的方法。在不具备高压蒸汽灭菌的情况下,常压蒸汽灭菌是一种常用的灭菌方法。此外,不宜用高压蒸煮的物质如糖液、牛奶和明胶等,可采用常压蒸汽灭菌。这种灭菌方法所用的灭菌器有阿诺(Aruokd)灭菌器或特制的蒸锅,也可用普通蒸笼。由于常压蒸汽的温度不超过 100 ℃,压力为常压,大多数微生物的营养细胞被杀死,但芽孢细菌却不能在短时间内死亡,因此必须采取间歇灭菌或持续灭菌的方法,以杀死芽孢细菌,达到完全灭菌。

①常压间歇灭菌

有少数培养基,例如明胶培养基、牛乳培养基、含糖培养基等用高压蒸汽灭菌其营养成分会受到破坏,则必须用间歇灭菌法。此法可用阿诺氏(Arnold)流动蒸汽灭菌器或普通蒸笼进行灭菌,不需加压,使水一直保持沸腾状态,利用不断产生的水蒸气加热灭菌,并且温度不超过 100 ℃,培养基的成分不被破坏。一般间歇灭菌法分 3 次进行,每次加热 100 ℃,30 min。这样的温度和时间足以杀死细菌的营养体,但是不能杀死芽孢。第一次加热后,其中的营养体被杀死,将培养基取出放室温下 18～24 h,使其中的芽孢发育成为营养体,第二次再加热 100 ℃,30 min,发育的营养体又被杀死,但可能仍留有芽孢,故再重复一次,使彻底灭菌。由于该法手续麻烦,工作周期长,故凡能用高压蒸汽灭菌的一般物品不采用此法。

②蒸汽持续灭菌法

微生物制品的土法生产或食用菌菌种制备时常用这种方法,在容量较大的蒸锅中进行。从蒸汽大量产生开始,继续加大火力保持充足蒸汽,待锅内温度达到 100 ℃时,持续加热 3～6 h,杀死绝大部分芽孢和全部营养体,达到灭菌目的。

(2)高压蒸汽灭菌

高压蒸汽灭菌高压蒸汽灭菌法是微生物学研究和教学中应用最广、效果最好的湿热灭菌方法。

①灭菌原理

高压蒸汽灭菌是在密闭的高压蒸汽灭菌器(锅)中进行的。其原理是将待灭菌的物体放置在盛有适量水的高压蒸汽灭菌锅内,把锅内的水加热煮沸产生蒸汽,待水蒸气急剧地将锅内的冷空气从排气阀中驱尽后,关闭排气阀,继续加热,此时由于蒸汽不能溢出,增加了灭菌器内的压力,从而使沸点增高,得到高于 100 ℃的温度,导致菌体蛋白质凝固变性而达到灭菌的目的。一般要求温度应达到 121 ℃(压强为 0.1 MPa),时间维持 15～30 min。也可采用在较低的温度(115 ℃,0.075 MPa)下维持 35 min 的方法。此法适合于一切微生物学实验室、医疗保健机构和发酵工厂中对培养基及多种材料、物品的灭菌。

蒸汽压强与温度的关系如表 2-2 所示。

表 2-2　蒸汽压强与温度的关系

蒸汽压强(表压)		蒸汽温度	
kgf/cm²	MPa	℃	℉
0.00	0.00	100.0	212
0.25	0.025	107.0	224
0.50	0.050	112.0	234

续表

蒸汽压强（表压）		蒸汽温度	
0.75	0.075	115.5	240
1.00	0.100	121.0	250
1.50	0.150	128.0	262
2.00	0.200	134.5	274

在使用高压蒸汽灭菌器进行灭菌时,蒸汽灭菌器内冷空气排除是否完全极为重要,因为空气的膨胀压大于水蒸气的膨胀压,当水蒸气中含有空气时,压强表所表示的压强是水蒸气压强和部分空气压强的总和,不是水蒸气的实际压强,它所相当的温度与高压灭菌锅内的温度是不一致的。这是因为在同一压强下的实际温度,含空气的蒸汽低于饱和蒸汽(见表2-3)。

表 2-3 空气排除程度与温度的关系

压强	灭菌器内温度/℃				
	未排除空气	排除1/3空气	排除1/2空气	排除2/3空气	完全排除空气
35	72	90	94	100	109
70	90	100	105	109	115
105	100	109	112	115	121
140	109	115	118	121	126
175	115	121	121	126	130
210	121	126	128	130	135

由表2-3看出,如不将灭菌锅中的空气排除干净,就达不到灭菌所需的实际温度。因此,必须将灭菌器内的冷空气完全排除,才能达到完全灭菌的目的。

在空气完全排除的情况下,一般培养基只需在 0.1 MPa、121 ℃下 15～30 min即可达到彻底灭菌的目的。但对某些较大或蒸汽不易穿透的灭菌物品,如固体曲料、土壤和草炭等,则应适当延长灭菌时间,或将蒸汽压强升高到 0.15 MPa 保持1～2 h。灭菌的温度及维持时间随灭菌物品的性质和容量等具体情况而有所变化。例如。含糖培养基用 0.06 MPa、112.6 ℃灭菌 15 min,但为了保证效果,可将其他成分先用 121.3 ℃灭菌 20 min,然后以无菌操作程序加入灭菌的糖溶液。又如盛于试管内的培养基以 0.1 MPa、121.5 ℃灭菌 20 min 即可,而盛于大瓶内的培养基最好以 0.1 MPa、122 ℃灭菌 30 min。

②灭菌设备

高压蒸汽灭菌的主要设备是高压蒸汽灭菌锅,有立式、卧式及手提式等不同类型。实验室中以手提式和立式最为常用,卧式灭菌锅常用于大批量物品的灭菌。不同类型的灭菌锅,虽大小外形各异,但其主要结构基本相同。手提式高压蒸汽灭菌锅的基本构造如图 2-8 所示。

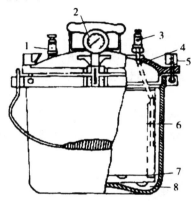

图 2-8　手提式高压蒸汽灭菌锅

1—安全阀;2—压强表;3—放气阀;4—软管;5—紧同螺栓;6—灭菌桶;7—筛架;8—水

•外锅。或称"套层",供储存蒸汽用,连有用电加热的蒸汽发生器,并有水位玻管以标志盛水量。外锅外侧一般包有石棉或玻璃棉绝缘层以防止散热。如直接使用由锅炉接入的高压蒸汽,则外锅在使用时充满蒸汽作为内锅保温之用。

•内锅。或称灭菌室,是放置灭菌物的空间,可配置铁算架以分放灭菌物品。

•压强表。内外锅各装 1 只,老式的压强表上标明 3 种单位:压强单位(kgf/cm^2)、英制压强单位(lb/in^2)和温度单位(℃),用于灭菌时参照。现在的压强表用 MPa 表示。

•温度计。可分为 2 种,一种是直接插入式的水银温度计,装在密闭的铜管内,焊接在内锅中;另一种是感应式仪表温度计,其感应部分安装在内锅的排气管内,仪表安装于锅外顶部,便于观察。

•排气阀。一般外锅、内锅各 1 个,用于排除空气。新型的灭菌器多在排气阀外装有气液分离器(或称疏水阀),内有由膨胀盒控制的活塞。利用空气、冷凝水与蒸汽之间的温差控制开关,在灭菌过程中,可不断地自动排出空气和冷凝水。

· 安全阀。或称保险阀,利用可调弹簧控制活塞,超过额定压强即自动放气减压,使压强在额定压强之下,略高于使用压强。安全阀只供超压时安全报警之用,不可在保温时用作自动减压装置。

· 热源。除直接引入锅炉蒸汽灭菌外,一般都具有加热装置。近年来的产品以电热为主,即底部装有调控电热管,使用比较方便。有些产品无电热装置,则附有打气煤油炉等。

手提式灭菌器也可用煤炭炉作为热源。

③手提式灭菌锅使用要点。

· 加水。使用前在锅内加入适量的水,加水不可过少,以防将灭菌锅烧干,引起炸裂事故。加水过多有可能引起灭菌物积水。

· 装锅。将灭菌物品放在灭菌桶中,不要装得过满。盖好锅盖,按对称方法旋紧四周固定螺旋,打开排气阀。

· 加热排气。加热后待锅内沸腾并有大量蒸汽自排气阀冒出时,维持 2~3 min 以排除冷空气。如灭菌物品较大或不易透气,应适当延长排气时间,务必使空气充分排除,然后将排气阀关闭。

· 保温保压。当压强升至 0.1 MPa 时,温度达 121 ℃,此时应控制热源。保持压强,维持 30 min 后,切断热源。

· 出锅。当压强表降至"0"处,稍停,使温度继续降至 100 ℃ 以下后,打开排气阀,旋开固定螺旋,开盖,取出灭菌物。注意:切勿在锅内压强尚在"0"点以上,温度在 100 ℃ 以上时开启排气阀,否则会因压强骤然降低而造成培养基剧烈沸腾冲出管口或瓶口,污染棉塞,以后培养时引起杂菌污染。

· 保养。灭菌完毕取出物品后,将锅内余水倒出,以保持内壁及内胆干燥,盖好锅盖。如灭菌物为固体斜面培养基则应及时将培养基放置成斜面。

3. 过滤除菌

微生物虽小,但有一定的体积。因此,可用一些比它们更小筛孔的"筛子"把它们过滤除掉。这种特殊的"筛子",即过滤器上是由各种多孔径介质构成的滤板,把含菌的液体或气体中的微生物通过滤器截留在滤板上,而达到除菌的目的。

过滤除菌适用于一些对热不稳定的、体积小的液体材料(如血清、酶、毒素、疫菌、噬菌体等),各种高温灭菌易遭破坏的培养基成分(如尿素、碳酸氢钠、维生素、抗生素、氨基酸等)和空气中的细菌等微生物(如安装在超净工作台、发酵罐的空气进口、微生物无菌培养室、细胞培养室、精密仪器仪表厂、医药和食品等部门、科研单位的各种空气过滤装置)。

　　按照过滤的对象和滤板的介质,滤菌器有液体滤菌器和空气滤菌器两类。液体过滤除菌多为细菌滤器。依滤板介质区分有硅藻土滤器、石棉板滤器、玻璃滤器、陶瓷滤器、火棉胶滤器、滤膜滤菌器。每类滤器又依过滤孔径大小分成不同型号、规格,可依据实验要求加以选择。一般空气滤菌器常用的介质是棉花纤维和玻璃纤维。前者如实验室的试管棉塞、棉滤管过滤器和发酵工厂车间中的总过滤器。玻璃纤维纸是超净工作台、接种室和发酵工厂常用的一种空气滤菌器的过滤介质。

4. 紫外光杀菌

　　紫外光的波长范围是 15～300 nm,其中波长在 260 nm 左右的紫外光杀菌作用最强。紫外灯是人工制造的低压水银灯,能辐射出波长主要为 253.7 nm 的紫外光,杀菌能力强而且较稳定。紫外光杀菌作用是因为它可以被蛋白质(波长为 280 nm)和核酸(波长为 260 nm)吸收,造成这些分子的变性失活。如核酸中的胸腺嘧啶吸收紫外光后,可以形成二聚体,导致 DNA 合成和转录过程中遗传密码阅读错误,引起致死突变。紫外光穿透能力很差,不能穿过玻璃、衣物、纸张或大多数其他物体,但能够穿透空气,因而可以用作物体表面或室内空气的杀菌处理,在微生物学研究及生产实践中应用较广。紫外灯的功率越大,效能越高。紫外光的灭菌作用随其剂量的增加而加强,剂量是照射强度与照射时间的乘积。如果紫外灯的功率和照射距离不变,可以用照射的时间表示相对剂量。紫外光对不同的微生物有不同的致死剂量。根据照射规律,光照度与光源发光强度成正比而与距离的平方成反比。在固定光源情况下,被照物体越远,效果越差,因此,应根据被照面积、距离等因素安装紫外灯。由于紫外光穿透力弱,一薄层普通玻璃或水均能滤除大量的紫外光。因此,紫外光只适用于表面灭菌和空气灭菌。在一般实验室、接种室、接种箱、手术室和药厂包装车间,均可利用紫外灯杀菌。以普通小型接种室为例,其面积若按 10 m² 计算,在工作台上方距地面 2 m 处悬挂 1～2 只 30 W 紫外灯,每天开灯照射 30 min,就能使室内空气灭菌。照射前,适量喷洒石炭酸或煤酚皂溶液等消毒剂,可增强灭菌效果。紫外光对眼黏膜及视神经有损伤作用,对皮肤有刺激作用,所以应避免直接在紫外灯下工作,必要时需穿防护工作衣帽,并戴有色眼镜防护。

5. 化学药物灭菌

　　有些化学药剂可以抑制微生物的代谢活动及破坏其菌体结构,从而起到抑制或杀死微生物的作用,因而被用于控制微生物的生长。依作用性质可将化学药剂分为杀菌剂和抑菌剂。杀菌剂是能破坏细菌代谢机能并有致死作用的化学药剂,如重金属离子和某些强氧化剂、某些抗生素等;抑菌剂并不破坏细菌的原生质,而只是抑制新细胞物质的合成,使细菌不能增殖,如磺胺类及某些抗生素等。化学杀菌剂主要用于抑制或杀灭物体表面、器械、排泄物和周围环境中的微生物;抑菌剂常用于机体表面,如皮肤、黏膜和伤口等处防止感染,也有的用于食品、饮料和药品的防腐作用。杀菌剂和抑菌剂之间的界线有时并不很严格,如高浓度的石炭酸(3%~5%)用于器皿表面消毒杀菌,而低浓度的石炭酸(0.5%)则用于生物制品的防腐抑菌。理想的化学杀菌剂和抑菌剂应当是作用快、效力高但对组织损伤小,穿透性强但腐蚀小,配制方便且稳定,价格低廉易生产,且无异味。但真正完全符合上述要求的化学药剂很少,应根据具体需要尽可能选择那些具有较多优良性状的化学药剂。

此外,微生物种类、化学药剂处理微生物的时间长短、温度高低以及微生物所处环境等,都影响着化学试剂杀菌或抑菌的能力和效果。微生物实验室中常用的化学杀菌剂有升汞、甲醛、高锰酸钾、乙醇、碘酒、龙胆紫、石炭酸、煤酚皂溶液、漂白粉、氧化乙烯、丙酸内酯、过氧乙酸、新洁尔灭等。

2.3 微生物培养、纯种分离技术

2.3.1 微生物培养技术

在微生物的研究及应用中,无论是为了获取大量微生物菌体或其代谢产物,还是为了利用它们的代谢进行某些物质的转化,都离不开培养微生物。由于氧气对微生物的生命活动有着极其重要的影响,所以微生物培养主要分为好氧培养和厌氧培养两大类。

1. 好氧菌的培养技术

(1)固体培养法

将微生物菌种接种在固体培养基表面,使之获得充足氧气进行生长繁殖的方法,称为固体培养法。

实验室中因所需器皿不同分为试管斜面、培养皿平板、较大型的克氏瓶及罗氏瓶培养等(见图 2-9),主要用于微生物的形态观察、保藏、分离、纯培养、活菌计数等。

| 试管斜面 | 培养皿平板 | 克氏瓶 | 罗氏瓶 |

图 2-9 固体培养法中实验室常用器皿

工业生产中利用麸皮或米糠等为主要原料,加水搅拌成含水量适度的半固体物料制成培养基,接种微生物进行培养,这种方法在豆酱、醋、酱油等酿造食品工业中广泛应用。

(2)液体培养法

液体培养是将微生物菌种接种到液体培养基中进行培养。

实验室进行好氧菌液体培养的方法主要有:

①试管液体培养

装液量因培养目的不同而不同。此法的通气效果一般较差,常用于微生物的各种生理生化实验、微生物计数等。

②摇瓶培养

在锥形瓶中装入锥形瓶容积的 30% 左右,如 250 mL 锥形瓶装 75 mL 左右的培养液。广泛用于微生物的生理生化实验、发酵和菌种筛选等,也常在发酵工业中用于种子培养。

③台式发酵罐

实验室用的发酵罐体积一般为几升到几十升。商品发酵罐的种类很多,一般都有多种自动控制和记录装置,如配置有 pH、溶氧、温度和泡沫检测电极,有加热或冷却装置,有补料、消泡和 pH 调节用的酸或碱及其自动记录装置。因为它的结构与生产用的大型发酵罐接近,所以,它是实验室模拟生产实践的重要实验工具。

工业生产采用液体的培养方法主要有浅盘培养和深层液体通风培养。

①浅盘培养

用大型盘子对好氧菌进行浅层液体静止培养的方法。如早期的青霉素和柠檬酸等的发酵工业中,均使用过该法,但因其劳动强度大、生产效率低以及易污染杂菌等缺点,未能广泛应用。

②深层液体通气培养

应用大型发酵罐进行深层液体通气搅拌的培养技术。现代发酵工业中主要采用此法进行产品的生产。该法利用通风装置向培养液中强制通风,并设法将气泡微小化,使它尽可能滞留于培养液中以促进氧的溶解。

2.厌氧菌的培养技术

(1)固体培养

实验室中培养厌氧菌除了需要特殊的培养装置或器皿外,还应配制特殊的培养基。此类培养基除保证提供微生物生长所需营养要素外,还需加入适当的还原剂如半胱氨酸,必要时还要加入刃天青等氧化还原指示剂。固体培养主要采用深层穿刺培养法(见图 2-10)、厌氧培养皿法以及厌氧罐技术、厌氧手套箱技术以及亨盖特滚管技术。

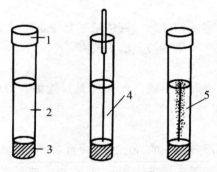

图 2-10　深层芽刺分离培养厌氧微生物

1—塑料盖;2—营养琼脂;3—无菌橡胶塞;4—穿刺至底部;5—培养后长出的菌落

生产实践中对厌氧菌进行大规模固态培养的例子还不多见,在我国的传统白酒生产中,一向采用大型深层地窖对固态发酵原料进行堆积式固态发酵,这对酵母菌的酒精发酵和己酸菌的己酸发酵等都十分有利,可生产各种名优大曲酒(蒸馏酒)。

(2)液体培养

实验室中厌氧菌的液体培养同固体培养一样,都需要特殊的培养装置以及加入还原剂和氧化还原指示剂的培养基。若在厌氧罐或厌氧手套箱中对厌氧菌进行液体培养,通常不必提供额外的培养措施;若单独放在有氧环境下培养,则在培养基中必须加入巯基乙醇、半胱氨酸、维生素 C 或庖肉(牛肉小颗粒)等有机还原剂,或加入铁丝等能显著降低氧化还原电位的无机还原剂,在此基础上,再用深层培养或同时在液面上封一层石蜡油或凡士林,以保证专性厌氧菌的生长。

工业上主要采用液体静置培养法,接种后不通空气静置保温培养,常用于酒精、啤酒、丙酮、丁醇及乳酸等发酵过程。该法发酵速度快,周期短,发酵完全,原料利用率高,适合大规模机械化、连续化、自动化生产。

2.3.2 微生物纯种分离技术

自然界的微生物几乎都是混杂在一起的,人们要想观察、研究和利用某一种微生物,就必须将它从各种微生物混生的环境中分离并纯化,以便于应用。一般从混杂的微生物群体中获得只含有一种或一株微生物的过程即称为微生物的分离与纯化。

分离与纯化微生物的常用方法主要有稀释涂布平板法、稀释混合平板法和平板划线法。此外还有组织分离法、选择性培养基分离法和单细胞挑取法等。

1. 稀释涂布平板法

稀释涂布平板法是将待测样品(如土壤)经系列稀释,使其中的微生物充分分散成单个细胞,再取一定量的稀释样液涂布接种到平板上,经过一定时间的培养,即生长繁殖形成肉眼可见的菌落,即一个单菌落应代表原样品中的一个单细胞。随后挑取该单个菌落,或重复以上操作数次,便可得到纯培养物(见图 2-11)。

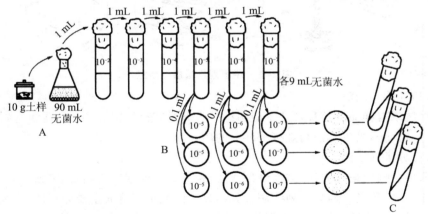

图 2-11 稀释涂布平板法

A—制备土壤稀释液;B—涂布;C—挑菌落

2. 稀释混合平板法

稀释混合平板法的原理和稀释涂布平板法的原理相同,只是在具体操作上有区别。在进行稀释混合平板法操作时先将菌液作系列稀释,然后取不同稀释度的溶液少许与已融化并冷却至 45 ℃左右的琼脂培养基相混合,摇匀后倒入灭过菌的培养皿中,待琼脂凝固后,保温培养一定时间,即可出现菌落。随后挑取该单个菌落,或重复以上操作数次,便可得到纯培养物。

3. 平板划线法

将已融化好的培养基倒入无菌平皿,冷却凝固后,用接种环沾取少许待分离的材料,在培养基表面进行平行划线、扇形划线或其他形式的连续划线,微生物随着划线次数的增加而分散,再经保温培养即可长出菌落。划线开始的部分细菌分散度小,形成的菌落往往连在一起形成菌苔。由于连续划线,微生物逐渐减少,在划线的最后部分常可见单个孤立的菌落,这种单个菌落可能由一个细胞繁殖而来,故可获得纯培养。

平板划线法可分为连续划线法和分区划线法两种(见图 2-12)。

图 2-12 平板划线法操作示意

(1)连续划线法

将挑取有样品的接种环从平板边缘一点开始,连续作"之"字形划线直到平板的另一端为止,当中不需灼烧接种环上的菌。

(2)分区划线法

取菌、接种、培养方法与"连续划线法"相似。分区划线法划线分离时一般平板分为 4 个区,故又称四分区划线法。其中第 4 区是单菌落的主要分布区,故其划线面积应最大。为防止第 4 区内划线与第 1、2、3 区线条相接触,应使第 4 区线条与第 1 区划线相平行,这样区与区间线条夹角最好保持 120°左右。先将接种环沾取少量菌在平板 1 区划 3～5 条平行线,取出接种环,合上培养皿盖,将平板转动 60°～70°,右手把接种环上多出的菌体烧死,将烧红的接种环在平板边缘冷却,再按以上方法以第 1 区划线的菌体为菌源,由第 1 区向第 2 区作第 2 次平行划线。第 2 次划线完毕,同时再把平转动约 60°～70°,同样依次在第 3、4 区划线。划线完毕,灼烧接种环,盖上盖后恒温培养。

4. 组织分离法

主要用来分离高等真菌和某些植物病原菌。首先取一小块植株或器官组织,用 0.1% 的升汞(HgCl_2)溶液进行表面消毒 3～5 min,然后用无菌水洗涤数次,再移置到平板上适温培养 3～5 d 后,病变组织内潜伏的微生物可向组织块周围扩散生长,经菌落特征和细胞特征观察确认后,即可由菌落边缘挑取部分菌种转入斜面管;对于能产生弹射孢子的高等真菌来讲,可将消过毒的菌盖剪成黄豆大的小块,悬挂在装有 PDA 培养基的锥形瓶内,从而能较快地获得纯培养。

5. 利用选择性培养基分离法

各种微生物对不同的化学试剂如消毒剂(酚)、染料(结晶紫)、抗生素及其他物质等具有不同的抵抗能力。利用这些特性,可配制成适合于某种微生物生长,而限制其他微生物生长的各种选择性培养基,以达到纯种分离的目的。此外,也可将待分离的样品经过适当处理,以消除不希望分离到的微生物。例如,想分离得到芽孢细菌,可将样品用高温处理一段时间,以破坏所有的或大部分的非芽孢细菌,这样分离得到的菌落大多是芽孢细菌。有些病原菌可先将其接种至敏感动物,感染后,宿主的某些组织可能含有该种微生物,这样较易得到纯培养。

对于一些生理类型比较特殊的微生物,为了提高分离的概率,往往在分离前先进行富集培养,其目的是提供一个特别设计的培养环境,以帮助所需的特殊生理类型的微生物的生长,同时抑制其他类型微生物的生长。

6. 单细胞挑取法

这种方法是从待分离的材料中挑取一个细胞来培养,从而获得纯培养。具体方法是将显微镜挑取器装在显微镜上,把一滴细菌悬液置于载玻片上,用安装在显微镜挑取器上的极细的毛细吸管,在显微镜下对准某一个细胞后挑取,再接种于培养基上培养。此法需要非常熟练的操作人员,多在高度专业化的科学研究中采用。

2.4 微生物菌种鉴定、保藏技术

2.4.1 微生物菌种鉴定技术

菌种鉴定工作是任何微生物学实验室经常会遇到的一项基础性工作。不论鉴定哪一种微生物,其工作步骤都离不开以下 3 项:①获得该微生物的纯培养物;②测定一系列必要的鉴定指标;③查阅权威性的菌种鉴定书。

1. 经典微生物鉴定技术

不同的特征需要不同的方法来获得。因为细菌个体小、形态简单,基于少数形态及生理生化特征的传统细菌分类方法常引起分类系统的不稳定或意见分歧。随着遗传学、生物化学、生物物理学、计算机科学和分子生物学等相关学科的发展,在现代细菌分类学中发展了微型快速鉴定、核酸分析及化学分类等方法。

经典微生物鉴定技术可以获得微生物鉴定中最常用、最方便和最重要的数据,也是任何现代化的分类鉴定方法的基本依据,包括细胞个体和群体的形态及习性水平。例如,采用经典的研究方法,观察微生物的形态特征、运动性、酶反应、碳氮源利用、生长条件、代谢特性、致病性、抗原性和生态学特征。

2. 鉴定系统

对某一未知纯培养物进行鉴定时,应用经典鉴定指标时存在工作量大、对技术熟练度要求高和消耗时间长等问题,从而促进了多种简便、快速、微型或自动化鉴定技术的开发和应用,国内外都已有系列化、标准化和商品化的鉴定系统应用。较有代表性的如 API 细菌数值鉴定系统、Biolog 全自动和手动鉴定系统等。这些鉴定系统主要应用微生物的生理生化反应,同时检测微生物对多种化合物的利用,在特定的显色剂下产生不同颜色变化,然后进行信息收集、编码,与检索表或数据库比对,最后获得菌种的鉴定结果。

API 细菌数值鉴定系统由法国生物梅里埃(BioMérieux)公司生产,鉴定实验采用底物生化呈色反应的原理,能同时测定 20 项以上生化指标,可用作快速鉴定细菌。该系统主要材料包括一个整齐地排列着 20 个塑料小管的长形卡片(24 cm

×4.5 cm),这些小管内加有适量糖类等生化反应底物的干粉(有标签说明)和反应产物的显色剂。系统包含 15 种鉴定类型,主要有 API 20E 肠道菌鉴定系统、API 20 NE 非肠道菌鉴定系统、API 20 STREP 链球菌及有关种类的鉴定系统、API CAMPY 弯曲杆菌鉴定系统、API STAPH 葡萄球和微球菌鉴定系统、API NH 奈瑟氏菌及嗜血杆菌鉴定系统、API 20C AUX 酵母菌鉴定系统、API Candida 假丝酵母鉴定系统、API 20A 厌氧菌鉴定系统、API CORYNE 棒状杆菌及有关种类的鉴定系统、API 10S 肠杆菌科快速筛选鉴定系统、RAPID 20E 肠道菌快速鉴定系统和 API LISTERIA 李斯特菌鉴定系统等,实际上几乎覆盖了所有菌属,超过 600 种不同菌种。

Biolog 全自动和手动鉴定系统借助于一块有 96 孔的细菌培养板。其中 95 孔中各加有氧化还原剂和不同的发酵性碳源的培养基粉,另一孔为清水对照,选用四唑紫作为细菌能否利用供试碳源的指示剂。利用细菌对 95 种不同碳源的代谢情况来鉴定菌种,即每种细菌形成各自特有的代谢指纹图谱。目前鉴定用微孔板主要包括 AN、FF、YT、SF-N2 和 SF-P2 等类型,能够鉴定包括 70 种乳酸细菌在内的 360 多种厌氧细菌、放线菌。400 多种丝状真菌和 267 种酵母。最新生产的 GENⅢ鉴定微孔板,不再需要进行革兰氏反应就可以同时检测 G^+ 和 G^- 细菌,鉴定过程更为简便。

3. 细胞壁和细胞膜成分分析

细胞壁和细胞膜上主要成分的分析,对菌种鉴定有一定的作用。在放线菌分类中,按细胞壁中糖类及氨基酸的组成可划分为不同的化学型,并将其作为种、属描述与区分的主要指标。

脂肪酸指纹图是细菌分类和鉴定的一项有用技术。分析时先将脂肪酸制备成甲基衍生物,再采用气相色谱进行分析,获得脂肪酸的指纹图。同种的细菌一般具有相似的指纹图,而不同的细菌可以相互区分。MIDI 微生物鉴定系统和 Hewlette Packard 气相色谱结合使用可用于细菌脂肪酸和脂类图谱的分析比较,该套系统具有计算机化的数据库可供比较参考。

4. 分子生物学技术

随着现代分子生物学系统理论和技术的迅速发展,出现了以质粒或染色体 DNA 为基础的遗传学方法,如染色体 DNA 限制性片段长度多态性分析(RFLP)、脉冲场凝胶电泳(PFGE)、核酸杂交和 16S rRNA 基因序列分析等。它们主要是对细菌染色体进行直接分析或对染色体外片段进行分析,从遗传进化的角度去认识细菌。由于核酸是储存、传递遗传信息的物质基础,分析核酸的变化可直接揭示有机体之间的亲缘关系,建立以系统发育关系为基础的分类系统。

细菌 DNA 中 G+C 含量的测定是细菌分类鉴定中的一个能反映属、种间亲缘关系的遗传型指征。在《Bergey 手册》(第 8 版)中,G+C 含量的测定已成为属、种鉴定的常规方法。DNA G+C 物质的量百分比测定有多种方法,其原理也各不相同。最常用的方法是热变性法,即解链温度测定法(Tm 法)。如果 2 个菌株的 G+C 物质的量百分比差异大于 5%,就可以判定这 2 株菌不属于同一个种。

采用 DNA-DNA 杂交方法比较 2 种 DNA 中碱基对的排列顺序是否相似和相似的程度,最适合于细菌种一级水平的研究。目前国际上通行的标准认为同源性在 70% 以下的 2 个菌株可视为不同种的细菌。可以通过分光光度计直接测定变性 DNA 在一定条件下的复性速率,进而用理论推导的公式来计算 DNA-DNA 之间的杂交率。

16S rRNA 为原核生物核糖体中一种在结构和功能上具有高度保守性的核糖体,是目前细菌的系统分类学研究中最有用和最常用的分子钟。细菌的 16S rRNA 基因包括可变区和恒定区,可变区序列因不同细菌而异,恒定区序列基本保守,所以可以利用恒定区序列设计引物将 16S rRNA 基因片段扩增出来,利用可变区序列的差异来对不同菌属、菌种的细菌进行分类鉴定。国际上通行标准认为 16S rRNA 基因序列测定分析更适用于确定属及属以上分类单位的亲缘关系。

利用一些必要的计算机分析软件对 16S rRNA 基因序列进行同源性比较,进而绘制系统进化树。现在比较通用的核酸序列数据库有 GenBank(National Center for BiotechnologyInformation,http://WWW. ncbi. nlm. nih. gov)、RDP(The Ribosomal Database Project,http://rdp. eme. msu. edu)以及 EzTaxon-e(http://eztaxon-e. ezbiocloud. net)。比较通用的序列分析软件有 Molecular Evolutionary Genetics Analysis version 5(MEGA5)、PHYLIP 3. 69 和 DNASTAR 等。计算不同菌属、菌种之间的遗传距离的方法主要有 Jukes 和 Cantor 方法、Tajima 和 Nei 方法、Kimura 方法及 Jin 和 Nei 方法。

2.4.2 微生物菌种保藏技术

1. 菌种保藏原理

菌种保藏的方法很多,但原理大同小异。即挑选优良菌种并根据不同微生物生理、生化特性,人为创造低温、干燥或缺氧等条件,抑制微生物的代谢作用,使其生命活动降低到极低的程度或处于休眠状态,从而延长菌种生命以及使菌种保持原有的优良性状,防止变异。不同的菌种应采用不同的保存方法。不管采用哪种保藏方法,在菌种保存过程中要求不死、不乱和不衰。

2. 菌种保藏方法

下面论述几种常用的菌种保藏方法。

(1)斜面低温保存法

将分离纯化的待存菌接种于适宜的固体斜面培养基上,得到充分生长后,用封口膜封口,贴上标签,保存于 4 ℃冰箱中。此法操作简单、使用方便、不需要特殊设备,是实验室菌种保存最常用的方法。但保存时间短,一般每个月都要移种 1 次,而且菌种容易变异,所以此方法只适合实验室短期实验菌株的保存。

(2)液状石蜡保存法

将液状石蜡灭菌,放于 37 ℃恒温箱中,待水汽蒸发掉备用。再将已分离纯化的待存菌在最适宜的斜面培养基上培养,得到健壮的菌体,用无菌吸管吸取已灭菌的液状石蜡,注入已长好的斜面培养基,用量以高出斜面 1 cm 为准,将试管直立,贴上标签,置 4 ℃下保存。此法制作简单,不需要特殊设备,菌种可以保存 1 年左右,不需要经常移种,缺点是保存的时候需要直立放置。此方法适合实验室短期菌株的保存,而且保存时需要一定的空间。

(3)沙土管保存法

取河沙用水浸泡洗涤数次,过 60 目筛除去粗粒,再用 10% 盐酸浸泡 2~4 h,除去其中有机物质,再用水冲洗至冲洗液的 pH 达到中性,烘干备用。同时取贫瘠土或菜园土用水浸泡,使呈中性,沉淀后弃去上清液,烘干碾细,用 100 目筛子过筛,将处理好的沙与土以(2~4):1 混匀,用磁铁吸出其中的铁质,然后分装小试管或安瓿内,每管装量 0.5~2 g,塞棉塞,用纸包扎灭菌(1.5 kg/cm², 1 h),再干热灭菌(160 ℃, 2~3 h)1~2 次,进行无菌检验,合格后使用。将已形成孢子的斜面菌种,在无菌条件下注入无菌水 3~5 mL,刮菌苔.制成菌悬液,再用无菌吸管吸取菌液滴入砂土管中,以浸透砂土为止。将接种后的沙土管放入盛有干燥剂的真空干燥器内,接上真空泵抽气数次,至沙土干燥为止。真空干燥操作需在孢子接入后 48 h 内完成,以免孢子发芽。制备好的沙土管用石蜡封口,在低温下可保藏 2~10 年。

（4）冷冻真空干燥法

将已培养、生长丰富的菌体或孢子悬浮于灭菌的血清、卵白、脱脂奶中制成菌悬液，将悬液以无菌操作分装于灭菌的玻璃安瓿瓶中，每管约 0.3～0.5 mL，然后用耐压橡皮管与冷冻干燥装置连接，安瓿瓶放在冷冻槽中于－40～－30 ℃迅速冷冻，并在冷冻状态下真空干燥，在真空状态下熔封安瓿，在－20 ℃保存，一般可保存 10 年以上，但成本较高。

（5）液氮超低温保藏法

首先将要保藏的菌种制成菌悬液备用；其次，准备安瓿瓶，每瓶加入 0.8 mL 冷冻保护剂 10%（体积比）甘油蒸馏水溶液，塞棉塞灭菌（1 kg/cm², 5 min）。无菌检查后，接入要保藏的菌种，火焰熔封瓶口，检查是否漏气，将封好口的安瓿瓶放在冻结器内，以每分钟下降 1℃ 的速度缓慢降温，使保藏品逐步均匀地冻结，直至－35 ℃，以后冻结速度就不需控制。安瓿冻结后立即放入液氮罐内，在－150～－196 ℃保藏。

（6）甘油液保存法

将已分离纯化的待存菌接种于肉汤中，37 ℃培养 18～24 h，然后按 5 份肉汤溶液、2 份甘油.生理盐水保存液的比例分装于灭菌的微量离心管或细胞冻存管中，贴上标签，置－80～－20 ℃冰箱保存。此法操作简便，不需要特殊设备，效果好，可以保存菌种 3 年左右，无变异现象，而且此方法还可以保存一些要求较高的特殊菌种，适用范围广。所以此方法适合实验室普通菌种或特殊菌种的较长期的保存。

（7）蒸馏水保存法

取灭菌蒸馏水 6～7 mL 加于已接待存菌斜面培养基的试管内，用吸管研磨，洗下斜面上的菌苔，充分混匀，将此菌液分装于灭菌的螺旋小瓶中，或用胶塞密封，贴上标签，置于 4 ℃保存。此法制作简单，不需要特殊设备，且不需要经常移种，而且可以保存数年，但要注意保存的时候需要直立放置。所以此方法适合实验室菌种的长期保存。

3. 菌种保藏需要注意的事项

菌种保藏要获得较好的效果，需注意以下 3 个方面。

（1）菌种在保藏前所处的状态

绝大多数微生物的菌种均保藏其休眠体，如孢子或芽孢。保藏用的孢子或芽孢等要采用新鲜斜面上生长的培养物。菌种斜面的培养时间和培养温度影响其保藏质量。

（2）菌种保藏所用的基质

斜面低温保藏所用的培养基,碳源比例应少些,营养成分贫乏些较好,否则易产生酸,或使代谢活动加强,影响保藏时间。沙土管保藏需将沙土和土充分洗净,以防其中含有过多的有机物,影响菌的代谢或经灭菌后产生一些有毒物质。

（3）操作过程对细胞结构的损害

冷冻干燥时,冻结速度缓慢易导致细胞内形成较大的冰晶,对细胞结构造成机械损伤。真空干燥程度也影响细胞结构,加入保护剂就是为了尽量减轻冷冻干燥所引起的对细胞结构的破坏。细胞结构的损伤不仅使菌种保藏的死亡率增加,而且容易导致菌种变异,造成菌种性能的衰退。

4. 权威菌种保藏机构

1970 年 8 月在墨西哥城举行的第 10 届国际微生物学代表大会上成立了世界菌种保藏联合会（WFCC）,同时确定澳大利亚昆士兰大学微生物系为世界资料中心。这个中心用电子计算机储存全世界各菌种保藏机构的有关情报和资料。我国于 1979 年在北京成立了中国微生物菌种保藏管理委员会（CCCCM）。目前,世界上约有 550 个菌种保藏机构,这里所列为国内外著名的菌种保藏中心。

（1）国内主要菌种保藏机构

①中国典型培养物保藏中心（China Center for Type Culture Collection, CCTCC）。

②中国农业微生物菌种保藏管理中心（Agricultural Culture Collection of China,ACCC）。

③普通微生物菌种保藏管理中心（China General Microbiological Culture Collections,CGMCC）。

④中国科学院武汉病毒研究所—中国病毒资源与信息中心（AS-Ⅳ）。

⑤中国林业微生物菌种保藏管理中心（China Forestry Culture Collection Center,CFCC）。

⑥中国工业微生物菌种保藏管理中心（China Center of Industrial Culture Collection,CICC）。

⑦中国医学细菌保藏管理中心（National Center for Medical Culture Collections,CMCC）。

⑧广东省微生物研究所微生物菌种保藏中心（Guangdong Culture Collection

Center,GIMCC)。

⑨上海市农业科学院食用菌研究所(SH)。

⑩台湾生物资源保存及研究中心(Bioresources Collection and Research Center,BCRC)。

(2)国外主要菌种保藏机构

①美国典型菌种保藏中心(American Type Culture Collection,ATCC)。

②日本技术评价研究所生物资源中心(NITE Biological Resource Center,NBRC)。

③美国农业研究菌种保藏中心(Agricultural Research Service Culture Collection,NRRL)。

④荷兰微生物菌种保藏中心(Centraalbureau voor Schimmelcultures,CBS)。

⑤韩国典型菌种保藏中心(Korean Collection for Type Cultures,KCTC)。

⑥德国微生物菌种保藏中心(Deutsche Sammlung von mikro-organismen und Zellkulturen,DSMZ)。

⑦英国国家菌种保藏中心(The United Kingdom National Culture Collection,UKNCC)。

⑧英国食品工业与海洋细菌菌种保藏中心(National Collections of Industrial,Food and Marine Bacterial,NCIMB)。

第3章 微生物的染色技术与形态结构观察

　　个体形态和细胞结构是微生物的重要特征,也是识别和鉴定微生物的主要依据之一。微生物个体微小,要研究它们的形态和结构,通常需要显微镜;在许多情况下,还需要对标本进行染色。学习和掌握形态学观察技术,对于研究、开发和利用微生物具有重要意义。本章主要对细菌的染色技术及其形态结构观察、细胞核的染色、酵母菌的形态结构观察、霉菌的形态结构观察,以及病毒及其他微生物的形态结构观察进行研究。

3.1 细菌的染色技术及其形态结构观察

3.1.1 细菌的简单染色法

1. **实验目的**

学习细菌的简单染色法,观察细菌的形态特征。

2. **实验原理**

　　细菌个体小而透明,活细胞与水及玻璃的折光率相差无几,在普通光学显微镜下难以看清。若经染料染色后,增强了细胞折光性,借助颜色的反衬作用,就能看清它们的形状、大小和排列方式。

细菌细胞含核酸较多,故一般染色多用碱性染料,如碱性复红(Basic fuchsin)、美蓝(Methylene blue)、结晶紫(Crystal violet)、孔雀绿(Malachite green)、番红(Safranine O)等,染料需预先配成染液供使用。

简单染色法是用一种染料进行染色。此法仅能显示其形态,而不能辨别其构造。

3. 实验器材

(1)菌种

培养 18～24 h 的枯草芽孢杆菌、巨大芽孢杆菌(B. megatherium),或培养 48 h 的四联微球菌(Micrococcus tetragenus)、金色微球菌(Micrococcus aureus)。

(2)试剂和器材

石炭酸复红液、美蓝染色液、结晶紫染色液或番红染色液,蒸馏水(滴瓶装),载玻片,接种环,酒精灯,火柴,洗瓶,染色盆,染色架,废物缸,吸水纸,擦镜纸,显微镜,双层瓶。

4. 实验步骤

制作细菌标本片的步骤:涂片→干燥→加热固定→冷却→染色→水洗→干燥→镜检。

(1)涂片

取干净载玻片一张放于染色架上。于载玻片两处分别滴加蒸馏水一小滴,以无菌操作法用接种环取斜面菌种菌体少许,放于载玻片一处的水滴中混匀,并涂成均匀的薄层;另一滴水同法放入第二种菌体涂匀(见图 3-1)。

(2)干燥

使涂片在空气中自然风干或在酒精灯火焰高处(距火焰 8～10 cm)微热烘干。

(3)加热固定

将干燥后的涂片用手拿住一端(涂面向上),以钟摆摆动速度通过酒精灯火焰 2 次或 3 次,使加热固定。目的是杀死细菌以增强细胞着色力,并使细胞黏着于载玻片上。

(4)染色

将载玻片放回染色架上,待冷却。任取染色剂一种,滴 1 滴或 2 滴于两处的涂面上进行染包。一般碱性复红染色 0.55 s～1 min(或用美蓝染色 2～3 min,或结晶紫染色 1 min,或番红染色 2～3 min)。

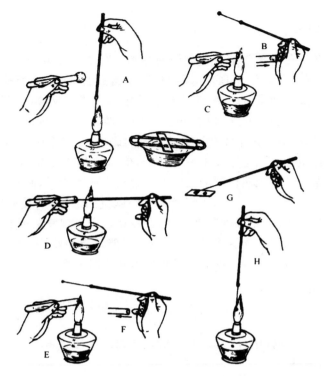

图 3-1　细菌染色标本涂片制作过程

A—接种环灭菌；B—拔棉塞；C—管日灭菌；D—取菌；E—管口灭菌；

F—加棉塞；G—涂片；H—接种环灭菌

（5）水洗

染色完毕,手持染色架略呈倾斜状,用洗瓶从载玻片一端缓慢冲洗染液,让废液流入盆中。再用吸水纸吸去载玻片上的残留水滴,自然干燥。

（6）镜检

先用低倍镜寻找标本的最好部位,再换高倍镜、油镜观察,绘图。

3.1.2　细菌的革兰氏染色法

1. 实验目的

了解革兰氏染色的原理,掌握革兰氏染色的方法以鉴别细菌。

2. 实验原理

革兰氏染色法是细菌学中一种重要的鉴别染色法。其方法是,细菌涂片先经结晶紫初染,加媒染剂碘液处理,再以脱色剂乙醇脱色,最后用复染剂番红复染。若细菌不被脱色而保留紫红色者,称为革兰氏阳性菌或正反应(用 G^+ 表示);若被脱色而染上复染剂的粉红色者,称为革兰氏阴性菌或负反应(用 G^- 表示)。革兰氏染色常受菌龄、培养基的 pH 和染色技术等的影响,一般采用幼龄菌为宜。

革兰氏染色机理虽然至今还不完全清楚,但显然与两类细菌的细胞壁成分和结构有密切关系。革兰氏阴性菌的细胞壁中含较多的类脂质,而肽聚糖含量较少。当用乙醇脱色时,类脂质被溶解,从而增加了细胞壁的通透性,使初染后的结晶紫与碘的复合物易于渗出,结果细胞被脱色,经复染后则呈现复染剂的颜色。而革兰氏阳性菌细胞壁中肽聚糖含量多且交联度大,类脂质含量少,经乙醇脱色后,肽聚糖层的孔径变小,通透性降低,因而细胞仍保留初染时的颜色。

3. 实验器材

(1)菌种

培养 24 h 的大肠杆菌(E. coli)和金黄色葡萄球菌(Staphylococcus aureus)。

(2)试剂和器材

结晶紫染色液,路哥(Lugol)氏碘液,95%乙醇,番红或石炭酸复红染色液,载玻片,接种环,酒精灯及其他染色、镜检用物。

4. 实验步骤

革兰氏染色的程序为:

涂片→干燥→加热固定→冷却→结晶紫初染 $\xrightarrow{水洗}$ 碘液媒染 $\xrightarrow{水洗}$ 乙醇脱色 $\xrightarrow{水洗}$ 番红复染查 $\xrightarrow{水洗}$ 干燥→镜检。

(1)涂片、固定

取干净载玻片一张放在染色架上,分别在载玻片的两处各滴一小滴蒸馏水,按无菌操作法用接种环分别取大肠杆菌与葡萄球菌少许,各涂于一处的水滴内(做好标记),涂匀,干燥,加热固定。

(2)染色

待涂片冷却后染色。先滴加结晶紫染色 1 min,用水冲去染液,沥干净水,再滴加碘液媒染 1 min,倾去碘液,水洗,以 95% 乙醇脱色 20~30 s(严格掌握时间),水洗,最后滴加番红复染 2~3 min(或用石炭酸复红复染 30 s),水洗,干燥。

(3)镜检

先用低倍镜寻找标本清晰部位,再换油镜观察细胞形态及染色结果。

3.1.3　细菌的芽孢、荚膜及鞭毛染色

1. 实验目的

(1)学习并掌握芽孢染色法,了解芽孢的形态特征。

(2)学习并掌握荚膜染色法,了解荚膜的形态特征。

(3)学习并掌握鞭毛染色法,了解鞭毛的形态特征。

(4)巩固显微镜操作技术及无菌操作技术。

2. 实验原理

简单染色法适用于一般的微生物菌体染色,而某些微生物具有一些特殊结构,如芽孢、荚膜和鞭毛,对它们进行观察前需要进行有针对性的染色。

芽孢是芽孢杆菌属和梭菌属细菌生长到一定阶段形成的一种抗逆性很强的休眠体结构,也被称为内生孢子(Endospore),通常为圆形或椭圆形。是否产生芽孢及芽孢的形状、着生部位、芽孢囊是否膨大等特征是细菌分类的重要指标。与正常细胞或菌体相比,芽孢壁厚,通透性低而不易着色,但是,芽孢一旦着色就很难被脱色。利用这一特点,首先用着色能力强的染料(如孔雀绿或苯酚品红)在加热条件下染色,使染料既可进入菌体也可进入芽孢,水洗脱色时菌体中的染料被洗脱,而芽孢中的染料仍然保留。再用对比度大的复染剂染色后,菌体染上复染剂的颜色,而芽孢仍为原来的颜色,这样可将两者区别开来。

荚膜是包裹在某些细菌细胞外的一层黏液状或脂肪状物质,含水量很高,其他成分主要为多糖、多肽或糖蛋白等。荚膜不易着色且容易被水洗去。由此常用负染法进行染色,使背景着色,而荚膜不着色,在深色背景下呈现发亮区域。也可以采用 Anthony 氏染色法,首先用结晶紫初染,使细胞和荚膜都着色,随后用硫酸铜水溶液清洗,由于荚膜对染料亲和力差而被脱色,硫酸铜还可以吸附在荚膜上使其呈现淡蓝色,从而与深紫色菌体区分。

鞭毛是细菌的纤细丝状运动"器官"。鞭毛的有无、数量及着生方式也是细菌分类的重要指标。鞭毛直径一般为 10~30 nm,只有用电子显微镜才能直接观察

到。若要用普通光学显微镜观察,必须使用鞭毛染色法。首先用媒染剂(如单宁酸或明矾钾)处理,使媒染剂附着在鞭毛上使其加粗,然后用碱性品红(Gray 氏染色法,Leifson 氏染色法)、硝酸银(West 氏染色法)或结晶紫(Difco 氏染色法)进行染色。

3. 实验器材

(1)菌种

枯草芽孢杆菌和球形芽孢杆菌 1～2 d 牛肉膏蛋白胨琼脂斜面培养物,褐球固氮菌 2 d 无氮培养基琼脂斜面培养物,普通变形菌(Proteus vulgaris)14～18 h 牛肉膏蛋白胨半固体平板新鲜培养物。

(2)溶液和试剂

5%孔雀绿水溶液、0.5%番红水溶液、绘图墨水(滤纸过滤后使用)、1%甲基紫水溶液、1%结晶紫水溶液、6%葡萄糖水溶液、20%硫酸铜水溶液、甲醇、硝酸银鞭毛染液、Leifson 氏鞭毛染液、0.01%亚甲蓝水溶液等。

(3)仪器及用具

酒精灯、载玻片、盖玻片、显微镜、双层瓶(内装香柏油和二甲苯)、烧杯、试管架、接种铲、接种针、镊子、载玻片夹子、载玻片支架、擦镜纸、接种环、小试管、滤纸、滴管和无菌水等。

4. 实验步骤

(1)芽孢染色(Schaeffer-Fulton 氏染色法)

①制片:按常规方法涂片、干燥及固定。

②加热染色:向载玻片滴加数滴 5%孔雀绿水溶液覆盖菌膜,用载玻片夹子夹住载玻片在微火上加热至染液冒蒸汽并维持 5 min,加热时注意补充染液,切勿让涂片变干。

③脱色:待载玻片冷却后,用缓流自来水冲洗至流出水无色为止。

④复染:用 0.5%番红水溶液复染 2 min。

⑤水洗:用缓流自来水冲洗至流出水无色为止。

⑥镜检:将载玻片晾干后油镜镜检。

(2)荚膜染色

①负染法

·制片:在载玻片一端滴一滴 6%葡萄糖水溶液,无菌操作取少量菌体于其中混匀,再用接种环取一环绘图墨水于其中充分混匀。用推片制片:将推片一端与混合液接触,轻轻左右移动使混合液沿推片散开,以约 30°迅速向载玻片另一端推动,带动混合液在载玻片上铺成薄膜(见图 3-2)。

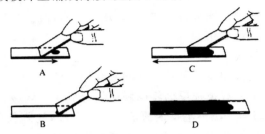

图 3-2　荚膜负染色法制作示意
A,B,C—推片制片的过程;D—推片制成的薄膜

- 干燥:将载玻片在空气中自然干燥。
- 固定:滴加甲醇覆盖载玻片,固定 1 min 后倾去甲醇。
- 干燥:将载玻片在空气中自然干燥。
- 染色:在载玻片上滴加 1%甲基紫水溶液,染色 1~2 min。
- 水洗:用自来水缓慢冲洗,自然干燥。
- 镜检:用低倍镜和高倍镜镜检观察。

②Anthony 氏染色法
- 涂片:按常规方法取菌涂片。
- 干燥:将载玻片于空气中自然干燥。
- 染色:用 1%结晶紫水溶液覆盖涂菌区域,染色 2 min。
- 脱色:倾去结晶紫水溶液后,用 20%硫酸铜水溶液冲洗,用吸水纸吸干残液,自然干燥。
- 镜检:用油镜镜检观察。

(3)鞭毛染色

①硝酸银染色法

- 载玻片准备:将载玻片置于含洗衣粉或洗涤剂的水中煮沸 20 min,然后用清水充分洗净,再置于 95%乙醇中浸泡,使用时取出在火焰上烧去乙醇及可能残留的油迹。

- 菌液制备:无菌操作挑取数环普通变形菌菌落边缘菌体,悬浮于 2 mL 无菌水中制成轻度浑浊的菌悬液,不能剧烈振荡。

- 制片:取一滴菌悬液滴到洁净载玻片一端,倾斜玻片,使菌悬液缓慢流向另一端,用吸水纸吸去多余菌悬液,自然干燥。

·染色:滴加硝酸银染液 A 液覆盖菌膜 3～5 min 后,用蒸馏水充分洗去 A 液。用硝酸银染液 B 液洗去残留水分后,再滴加 B 液覆盖菌膜数秒至 1 min,其间可用微火加热,当菌膜出现明显褐色时,立即用蒸馏水冲洗,自然干燥。

·镜检:用油镜镜检观察。

②Leifson 氏染色法

·载玻片准备、菌液制备及制片方法同硝酸银染色法。

·划区:用记号笔在载玻片反面将菌膜区划分成 4 个区域。

·染色:滴加 Leifson 氏鞭毛染液覆盖第一区菌膜,间隔数分钟后滴加染液覆盖第二区菌膜,以此类推至第四区菌膜。间隔时间根据实验摸索确定,其目的是确定最佳染色时间,一般染色时间大约需要 10 min。染色过程中仔细观察,当载玻片出现铁锈色沉淀,染料表面出现金色膜时,立即用水缓慢冲洗,自然干燥。

·镜检:用油镜镜检观察。

5.注意事项

(1)选用适当菌龄的菌种,幼龄菌尚未形成芽孢,而老龄菌芽孢囊已破裂。

(2)加热固定要使用载玻片夹子,避免灼伤。加热染色时必须维持在染液微冒蒸汽的状态,加热沸腾会导致菌体或芽孢囊破裂,加热不够则芽孢难以着色。不要将载玻片在火上灼烧时间过长,以免载玻片破裂。

(3)脱色必须等待载玻片冷却后进行,否则骤然用冷水冲洗会导致载玻片破裂。

(4)在负染法中使用的载玻片必须干净无油迹,否则混合液不能均匀铺开。

(5)绘图墨水使用量要很少,否则会完全覆盖菌体和荚膜,难以观察。

(6)制片过程中所涉及的固定及干燥步骤均不能加热和用热风吹干,因为荚膜含水量高,加热会使其失水变形。同时,加热会使菌体失水收缩,与细胞周围染料(或绘图墨水)脱离而产生透明的明亮区,导致某些不产荚膜的细菌被误以为有荚膜。

(7)使用染料时注意避免沾到衣服上。

6.实验结果

(1)绘图并说明枯草芽孢杆菌和球形芽孢杆菌的形态特征(包括芽孢形状、着生位置及芽孢囊形状等)。

（2）绘图并说明褐球固氮菌菌体及荚膜的形态特征。

（3）绘图并说明普通变形菌菌体及鞭毛的形态特征。

3.2　细胞核的染色

3.2.1　实验目的

学习并掌握细胞核染色的方法。

3.2.2　实验原理

细胞核的主要成分是脱氧核糖核酸（DNA）。在细菌细胞中 DNA 呈环状，为核质体，无核膜。真核细胞（如酵母菌）的细胞核外具核膜，呈球状或椭圆状。DNA 与 RNA 均可被碱性染料着色。由于微生物细胞质中 RNA 的含量较多，因而干扰了 DNA 的染色与观察。在真核细胞内，DNA 总是和蛋白质结合成为高度聚合的大分子形态，这些大分子经固定剂处理之后，就能很好地抵抗一切溶剂，即使用稀盐酸加热处理也不能使 DNA 溶解。至于 RNA 就不像 DNA 那样聚合，如果使环境发生酸化就被溶解了（通常用 1 mol/L 的 HCl、60 ℃ 处理 5 min 来水解 RNA）。根据这一特点便可将 RNA 除去，以达到理想的核染色目的。

另外，也可用 RNA 酶处理，去掉细胞内的 RNA 而保留 DNA，再用碱性染料透行染色。

3.2.3　实验器材

显微镜，酒精灯，火柴，载玻片，接种环，双层瓶，吸水纸，擦镜纸，蒸馏水，铍酸蒸汽瓶，染色缸。

1 mol/L 的过氯酸（$HClO_3$），1％ 的铍酸，碱性复红染色液，Schandium 固定液；酿酒酵母。

3.2.4　实验步骤

（1）制片：以常规方法涂片。置室温下晾干。

（2）固定：把涂片放在盛有 1％ 铍酸溶液的蒸汽瓶口上，用铍酸蒸汽固定

5 min,然后放入加热至 60 ℃的 Schandium 固定液中处理 5 min。水洗。

（3）水解。把涂片放在 1 mol/L HClO₃ 的染色缸中,置冰箱内(3～4 ℃)30 h 左右,除去 RNA。

（4）水洗:取出载玻片,水洗。

（5）染色:用碱性复红染色液染 30 s,水洗,干燥。

（6）镜检。

结果:酵母菌的核为红色。

3.2.5　实验记录

将观察结果记录于表 3-1 中。

表 3-1　细胞核染色结果记录

菌名	核的颜色	核的形态和位置(图示)

3.3　酵母菌的形态结构观察

3.3.1　实验目的

（1）观察酵母菌的形态及出芽方式。

（2）掌握区分酵母菌死细胞与活细胞的实验方法。

（3）学习酵母假菌丝、子囊孢子的培养及观察方法。

3.3.2　实验原理

酵母菌是单细胞微生物,细胞核与细胞质有明显的分化,个体直径比细菌大 10 倍左右,多为圆形或椭圆形。酵母菌的繁殖方式也较复杂,无性繁殖主要是出芽生殖。有的在特殊条件下能形成假菌丝,有性繁殖是通过接合产生子囊孢子。

用亚甲蓝水浸片和水-碘水浸片不仅可观察酵母的形态和出芽生殖方式,还可以区分死细胞与活细胞。亚甲蓝是一种无毒性染料,它的氧化型是蓝色的,而还原型是无色的。活细胞新陈代谢旺盛,还原力强,能使亚甲蓝从蓝色的氧化型变为无色的还原型,所以酵母的活细胞染色后呈无色,而对于死细胞或代谢缓慢的老细胞,则因它们无此还原能力或还原能力极弱,而被亚甲蓝染成蓝色或淡蓝色。

　　酵母菌子囊孢子的形成与否及其数量和形状,是鉴定酵母菌的依据之一。在酵母菌的生活史中存在着单倍体阶段和双倍体阶段,这两个阶段的长短因菌种不同而有差异。在一般情况下,它们都持续地以出芽方式进行生长和繁殖。但如果将双倍体细胞移到适宜的产孢培养基上,其染色体就会发生减数分裂,形成含 4 个子核的细胞,原来的双倍体细胞即为子囊,而 4 个子核最终发展成子囊孢子。将单倍体的子囊逐个分离出来,经无性繁殖后即成为单倍体细胞。将酿酒酵母从营养丰富的培养基上移接到麦氏培养基(葡萄糖-乙酸钠培养基)上,于适宜温度下培养即可诱导其子囊孢子的形成。

3.3.3　实验器材

(1)菌种和染液

酿酒酵母(Saccharomyces cerevisiac)、热带假丝酵母(Candida tropicalis)。0.05%、0.1%吕氏碱性亚甲蓝染液,碘液,5%孔雀绿染液,0.5%番红染液,95%乙醇,豆芽汁琼脂斜面,麦氏琼脂斜面。

(2)仪器及用具

显微镜、载玻片、盖玻片、擦镜纸、接种环等。

3.3.4　实验步骤

1.亚甲蓝浸片观察

(1)在载玻片中央加一滴 0.1%吕氏碱性亚甲蓝染液,液滴不可过多或过少,以免盖上盖玻片时,溢出或留有气泡。然后按无菌操作取出在豆芽汁琼脂斜面上培养 48 h 的酿酒酵母少许,放在吕氏碱性亚甲蓝染液中,使菌体与染液混合均匀。

(2)用镊子夹盖玻片一块,小心地盖在液滴上。盖片时应注意,不能将盖玻片平放下去,应先将盖玻片的一边与液滴接触,然后将整个盖玻片慢慢放下,这样可以避免产生气泡。

(3)将制好的水浸片放置 3 min 后镜检。先用低倍镜观察,然后换用高倍镜观察酿酒酵母的形态和出芽情况,同时可以根据是否染上颜色来区别死细胞与活细胞。

(4)染色 30 min 后,再观察死细胞数是否增加。

细胞的计数:在一个视野里计数死细胞和活细胞,共计数 5～6 个视野,最后取平均数。

死亡率的计算:死亡率＝死细胞总数/(死细胞总数＋活细胞总数)×100%。

(5)用 0.05%吕氏碱性亚甲蓝染液重复上述操作。

2.水-碘浸片观察

在载玻片中央滴一滴革兰氏染色用的碘液,然后再在其上加 3 滴水,取酿酒酵母少许,放在水-碘液滴中,使菌体与溶液混匀,盖上盖玻片后镜检。

3.假菌丝的培养与观察

将热带假丝酵母菌划线接种在麦芽汁平板上,并在划线处盖上盖玻片,置于 28～30 ℃培养 2～3 d。将盖玻片取出,斜置轻放盖在滴有液滴的载玻片上。在低倍镜和高倍镜下观察呈树枝状分枝的假菌丝细胞的形态和大小。

4.子囊孢子的培养及观察

将酿酒酵母用新鲜麦芽汁琼脂斜面活化 2～3 代后,转接于麦氏斜面培养基上,于 25～28 ℃培养 5～7 d,即可形成子囊孢子。取少许子囊孢子培养物制片,干燥固定后滴加孔雀绿染液 1 min,弃去染液,用 95%乙醇脱色 30 s,水洗,最后番红染液染色 30 s,用吸水纸吸干。油镜镜检观察,子囊孢子呈绿色,菌体和子囊呈粉红色。也可不经染色直接制水浸片观察。水浸片中的酵母菌的子囊为圆形大细胞,内有 2～4 个圆形的小细胞即子囊孢子。

3.3.5 注意事项

(1)染液不宜过多或过少,否则在盖上盖玻片时,菌液会溢出或出现大量气泡而影响观察。

(2)盖玻片不宜平着放下,以免产生气泡影响观察。

(3)在产孢培养基(即以乙酸盐为唯一或主要碳源,缺乏氮源的培养基)上加大接种量,可提高子囊形成率。

3.4　霉菌的形态结构观察

3.4.1　实验目的

(1)学习制备观察霉菌形态的基本方法。

(2)了解 4 类常见霉菌的基本形态结构。

(3)学习接合孢子的培养和形态观察方法。

3.4.2　实验原理

霉菌营养体的分枝丝状体,分为基内菌丝和气生菌丝。气生菌丝又可分化出繁殖丝。不同霉菌的繁殖丝可形成不同的孢子。霉菌的个体比细菌和放线菌大得多,故用低倍镜即可观察,常用的观察方法有直接制片观察法、载玻片湿室培养观察法和玻璃纸透析培养观察法(同放线菌形态观察法)3 种。

霉菌菌丝较粗大,细胞易收缩变形,且孢子易飞散,故在直接制片观察时常用乳酸苯酚棉蓝染液。其优点是:细胞不变形,苯酚具有杀菌防腐作用,且不易干燥,能保持较长时间,还能防止孢子飞散。棉蓝可使菌体着色反差增强,使物象更清楚。用树胶封片后可制成永久标本长期保存。

接合孢子是霉菌产生的一种有性孢子,由两种性别不同的菌丝特化的配子囊接合而成,分为同宗接合和异宗接合,根霉的接合孢子属于异宗接合,将根霉两种不同性别(分别记为"＋"和"－")的菌株接种在同一琼脂平板上,经一定时间培养,即可形成接合孢子。

3.4.3　实验器材

1.菌种和培养基

产黄青霉(Penicillium chrysogenum)、黑曲霉(Aspengillus niger)、根霉(Rhizopus sp.)、毛霉(Mucor sp.)的斜面菌种,葡枝根霉(Rhizopus stolonifer)或蓝色梨头霉(Absidia coerulea)的"＋""－"菌株,马铃薯琼脂培养基或查氏培养基。

2．试剂

乳酸苯酚棉蓝染液、20％甘油、50％乙醇。

3．仪器及用具

培养皿、载玻片、盖玻片、无菌吸管、U形玻璃棒、镊子、解剖刀、解剖针、接种环、显微镜等。

3.4.4　实验步骤

1．载玻片湿室培养观察法

（1）准备湿室

在培养皿内铺一张圆形滤纸片，其上放一U形玻璃棒，在玻璃棒上放一洁净载玻片和两块盖玻片（见图3-3），用纸包扎经 121 ℃湿热灭菌 30 min 后，置 60 ℃烘箱中烘干备用。

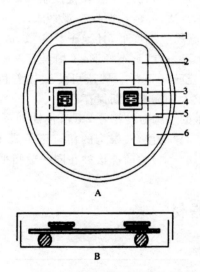

图 3-3　载玻片培养观察法示意

A—俯视图；B—剖面图

1—培养皿；2—U形玻璃棒；3—盖玻片；4—培养物；5—载玻片；6—保湿用滤纸

（2）琼脂块的制作

取已灭菌的查氏琼脂培养基约 8 mL 注入另一灭菌培养皿中，凝固成薄层。用解剖刀分别切 0.5～1 cm² 的培养基两块，然后置于上述湿室中载玻片两端。

（3）接种

用解剖针挑取极少量的孢子接种于培养基块的边缘，用无菌镊子将盖玻片覆盖在培养基块上。

（4）倒保湿剂

每培养皿倒入约 3 mL 20％无菌甘油，使培养皿底滤纸完全湿润，以保持培养皿内的湿度。盖上培养皿盖并注明菌名、组别和接种日期。

（5）培养

将制成的载玻片湿室置于 28 ℃恒温培养 4～5 d。

（6）镜检

根据需要可在不同的培养时间内取出湿室载玻片置于低倍镜和高倍镜下观察各种霉菌不同时期的形态特征（见图 3-4～图 3-6）。重点观察菌丝是否分隔，曲霉的足细胞、分生孢子梗、顶囊、小梗及分生孢子着生状况，根霉和毛霉的孢子囊和孢囊孢子，曲霉和青霉的分生孢子形成特点等。

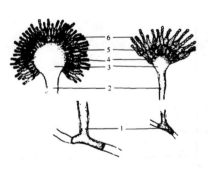

图 3-4　曲霉的分生孢子梗和菌丝

1—足细胞；2—分生孢子梗；3—顶囊；4—初生小梗；
5—次生小梗；6—分生孢子

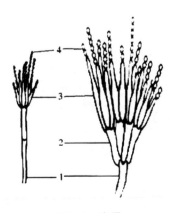

图 3-5　青霉

1—分生孢子梗；2—梗基；
3—小梗；4—分生孢子

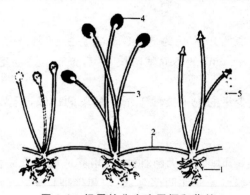

图 3-6　根霉的分生孢子梗和菌丝

1—假根；2—匍匐菌丝；3—孢囊梗；4—孢子囊；5—孢囊孢子

2. 透明胶带法

滴一滴乳酸苯酚棉蓝染液于载玻片上，用食指与拇指粘在一段透明胶带两端，使透明胶带呈 U 形，胶面朝下（见图 3-7）。将透明胶带胶面轻轻触及黑曲霉或黑根霉菌落表面。将粘在透明胶带上的菌体浸入载玻片上的乳酸苯酚棉蓝染液中，镜检观察。

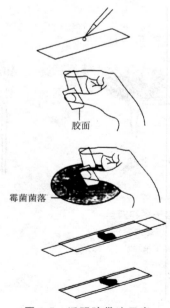

胶面

霉菌菌落

图 3-7　透明胶带法示意

3. 制水浸片观察法

在载玻片上加一滴乳酸苯酚棉蓝染液或蒸馏水,用解剖针从长有霉菌的平板中挑取少量带有孢子的霉菌菌丝,先置于 50% 乙醇中浸一下,再用蒸馏水洗一下,以洗去脱落的孢子,然后放入载玻片的液滴中,用解剖针仔细地将菌丝分散开。盖上盖玻片(勿产生气泡,且不要移动盖玻片),先用低倍镜观察,必要时换高倍镜。

4. 玻璃纸透析培养观察法

霉菌的玻璃纸透析培养观察法与放线菌玻璃纸培养观察法相似。

5. 接合孢子的培养方法

(1)制平板

以无菌操作将熔化的培养基以每培养皿 15 mL 倒入灭菌的培养皿中。

(2)接种

平板凝固后接种。在培养皿背面划一条中心线,用灭菌接种钩取蓝犁头霉"+"菌株和"-"菌株少许分别在线两侧划线接种。

(3)培养

将接种好的平板置于 25～28 ℃条件下培养 4～5 d 后观察。

(4)观察

肉眼观察,一般接种第 2 天就能观察到平板上"+"菌株和"-"菌株的菌丝各自向两侧生长的现象,而当培养至 4～5 d 时可见到异性菌株间有一条黑色的接合孢子囊带。

显微镜观察内容包括以下两方面。

①培养物直接观察:打开培养皿盖,在接合孢子囊带上压一块载玻片,轻轻按一下,使载玻片贴近接合孢子囊层,然后将此平板生长物直接置于显微镜载物台上观察接合孢子囊带的不同部位,以了解蓝色犁头霉的"+"菌株和"-"菌株形成接合孢子囊的过程。

②培养物制片与观察:用无菌解剖针挑取蓝色犁头霉的"+"菌株和"-"菌株所形成的接合孢子囊不同部位的生长物,用乳酸苯酚棉蓝染液制作临时封片,观察蓝色犁头霉的"+"菌株和"-"菌株形成接合孢子囊及其生长不同阶段的特征。

3.4.5　注意事项

（1）琼脂块的制作过程应注意无菌操作。进行霉菌制片时减少空气流动，避免吸入孢子。

（2）载玻片培养时，尽可能将分散的孢子接在琼脂块边缘，且量要少，以免培养后菌丝过于稠密而影响观察。

（3）载玻片需清洁干净，无油渍。制片时尽可能保持霉菌自然生长状态，加盖片时勿产生气泡和移位。

（4）菌种在接合培养前要活化 2～3 代，两菌之间要留有距离，每次接种后都要灼烧接种钩。

3.4.6　实验结果

（1）绘制 4 种霉菌的形态图，并注明各部位。

（2）绘出蓝色犁头霉接合孢子形态图，并注明配子囊、接合孢子的名称。

3.5　病毒及其他微生物的形态结构观察

3.5.1　病毒

病毒是一类广泛寄生在人、动物、植物、微生物细胞中的非细胞生物，它比最小的细菌还要小，必须借助电子显微镜才能观察到。它具有以下基本特征：①没有细胞结构；②只含 DNA 或 RNA 一种核酸；③不能生长，也不能以分裂方式繁殖，只能在特定的寄主细胞内以核酸复制的方式增殖；④没有核糖体，也不具有完整的酶系统和能量合成系统。

1. 病毒的特点

病毒是一类体积非常微小、结构极其简单、性质十分特殊的生命形式。与其他生物相比，它们具有下列基本特征：

（1）形体极其微小。一般都能通过细菌滤器，故必须在电子显微镜下才能观察到。

（2）缺乏独立代谢能力。只能利用宿主活细胞内现成的代谢系统合成自身的核酸和蛋白质组分,再通过核酸和蛋白质等"元件"的装配实现其大量增殖。无个体生长,无二均分裂繁殖方式。

（3）没有细胞结构。病毒被称为"分子生物",其化学成分较简单,主要成分仅核酸和蛋白质两种,而且只含 DNA 或 RNA 一类核酸。尚未发现一种病毒兼含两类核酸的。

（4）对一般抗生素不敏感,而对干扰素敏感。

（5）具有双重存在方式。在活细胞内营专性寄生,在活体外能以化学大分子颗粒状态长期存在并保持侵染活性。

2. 病毒的大小与形态

测量病毒大小的单位为纳米（nm）,病毒大小不一。多数病毒直径在 100 nm（20～200 nm）,较大的病毒直径为 300～450 nm,较小的病毒直径仅为 10～22 nm。

病毒外形多呈球状或似球状,少数病毒呈杆状、丝状、弹状或砖块状。病毒侵染寄主细胞后,常在寄主细胞内形成一种在光学显微镜下可见的小体,称为包涵体。不同病毒所形成的包涵体其大小、形状及其在细胞内的部位是各不相同的,有的位于细胞质内,如烟草花叶病毒;有的位于细胞核内,如疱疹病毒;有的可同时存在于细胞质和细胞核内,如麻疹病毒;有的嗜酸性,有的嗜碱性。由于不同病毒包涵体在寄主细胞内的位置、大小和形状是基本固定的,因此可以作为病毒疾病诊断的辅助依据。

3. 病毒的组成与结构

病毒主要由核酸和蛋白质外壳组成。由于病毒是一类非细胞生物体,故单个病毒个体不能称作"单细胞",这样就产生了病毒粒或病毒体。病毒粒是指成熟的结构完整的和有感染性的单个病毒。核酸位于它的中心,称为核心或基因组,蛋白质包围在核心周围,形成了衣壳。衣壳是病毒粒的主要支架结构和抗原成分,不仅能保护核心内的病毒核酸免受外界环境中不良因素的破坏,还对宿主细胞具有特别的亲和力,同时又是该病毒的特异性抗原。

4. 病毒的增殖

病毒在细胞内增殖,完全不同于其他微生物。病毒没有完整的酶系统,只能依靠宿主活细胞,在原代病毒基因组控制下合成病毒核酸和蛋白质,并装配为成熟的子代病毒,释放出细胞外,或再感染其他易感活细胞。这种病毒增殖的方式称为病毒复制。病毒的增殖一般包括吸附、侵入、合成、装配和释放这5个阶段。

(1)吸附

是病毒通过其表面结构与寄主细胞的病毒受体特异性结合,导致病毒附着于细胞表面的过程。病毒吸附蛋白指能特异性识别寄主细胞上的病毒受体并与之结合的病毒表面结合蛋白,如流感病毒包膜表面的血凝素、T偶数噬菌体的尾丝蛋白。病毒受体指能被病毒吸附蛋白特异性识别并与之结合,介导病毒侵入的寄主细胞表面成分。影响病毒吸附蛋白与细胞表面受体的因素如温度、pH、离子浓度、蛋白酶等均可影响病毒的吸附过程。

(2)侵入

在病毒吸附后几乎立即发生,是依赖于能量的感染过程。不同的病毒侵入寄主细胞的方式不同。

动物病毒侵入的主要方式:①胞吞作用包括胞饮或吞噬,多数病毒按此方式侵入;②病毒包膜与寄主细胞质膜融合,将核衣壳释放到细胞质中;③完整病毒穿过细胞膜的移位方式。

植物病毒侵入的主要方式:①通过自然的或人为的机械微伤口侵入;②借助携带病毒昆虫的刺吸式口针穿刺植物细胞而侵入。

病毒侵入后,将病毒的包膜及衣壳脱去,使核酸释放出来的过程称脱壳。

大多数病毒侵入时在寄主细胞表面完成脱壳,如T偶数噬菌体;有的病毒则在寄主细胞内脱壳,如痘病毒。

(3)合成

指病毒的核酸复制、转录与蛋白质的合成。病毒的核酸类型不同,其复制、转录方式不同。①双链DNA病毒通过半保留复制方式复制子代DNA,再以－DNA为模板转录出mRNA;②单链DNA病毒先以半保留方式复制互补的±DNA,再以新合成的-DNA为模板在细胞内RNA聚合酶的作用下转录出mRNA;③双链RNA病毒以-RNA为模板复制出＋RNA,即mRNA,再以＋RNA为模板复制出－RNA;④－RNA病毒先以－RNA为模板转录出＋RNA(mRNA),再由＋RNA翻译出RNA复制酶,在RNA复制酶的作用下合成＋RNA,再以此为模板复制出子代－RNA;⑤＋RNA病毒的＋RNA既可作为mRNA,又可作为模板复制－RNA,再以－RNA为模板复制出子代＋RNA;⑥逆转录病毒是一种＋RNA病毒,病毒粒子含有逆转录酶,在逆转录酶的作用下先由＋RNA合成－DNA,再在

DNA 聚合酶的作用下合成＋DNA，形成双链 DNA，双链 DNA 可整合到寄主 DNA 分子上随寄主细胞 DNA 复制而复制，也可在 RNA 聚合酶的作用下以－ DNA 为模板复制出＋RNA。

病毒蛋白质的合成是由病毒核酸转录出的 mRNA 翻译出病毒蛋白质信息，以氨基酸为原料合成病毒蛋白质。

(4)装配

在病毒感染的寄主细胞内将合成的病毒组分以一定方式结合，组装为成熟的病毒粒子的过程，称装配。

(5)释放

当子代病毒粒子成熟后，借助于降解细胞壁或细胞膜的酶裂解寄主细胞，释放出大量的病毒粒子。

5. 细菌病毒

细菌病毒又称噬菌体，是侵染细菌的病毒，广泛分布于自然界。几十年来通过对噬菌体的研究获得了许多有关病毒的基础知识。

(1)噬菌体的一般性状

和其他病毒一样，噬菌体也是由核酸和蛋白质组成。病毒粒子有蝌蚪形、微球形和线状 3 种形态，核酸以单链或双链分子组成环状或线状。

噬菌体的增殖过程也是其侵染寄主的过程，可以分为 5 个阶段，即吸附、侵入、复制、装配、释放。在细菌培养液中，细菌被噬菌体感染，细胞裂解，浑浊的菌悬液变成透明的裂解溶液。在双层平板固体培养基上，稀释的噬菌体悬液在感染点上进行反复侵染，产生称为噬菌斑的透明空斑。

(2)温和噬菌体和溶源性

大部分噬菌体感染寄主细胞，在寄主细胞内增殖产生大量子代噬菌体，并引起菌体裂解，这类噬菌体称为毒性噬菌体。有些噬菌体侵染细菌后，其 DNA 整合到寄主菌的基因组上，随着寄主菌基因组的复制而同步复制，并伴随细胞分裂平均分配到子细胞，代代相传。这种与寄主细菌共存的特性称为溶源性，引起溶源性发生的噬菌体称为温和噬菌体。噬菌体中有很多温和噬菌体，如大肠杆菌 λ 噬菌体、大肠杆菌 P1 和 P2 噬菌体等。

携带有噬菌体 DNA 的寄主细菌称为溶源性细菌。溶源性细菌具有如下特性：①可遗传性，能代代相传；②裂解，在某些情况下噬菌体 DNA 脱离整合状态，在寄主菌内增殖产生大量子代噬菌体而导致细菌裂解；③免疫性，溶源性细菌对赋予其溶源性的噬菌体及其相关噬菌体有免疫性;④复愈,经过诱发裂解后存活下来的少数细菌中,有些会失去其原有的噬菌体 DNA 而复愈;⑤溶源性转变,细菌因温和噬菌体感染溶源化时获得新性状的现象称为溶源性转变。

3.5.2 放线菌

放线菌是一类介于细菌和真菌之间的单细胞微生物,其形态极为多样(杆状到丝状)、多数呈丝状生长。它的细胞构造、细胞壁的化学成分和对噬菌体的敏感性与细菌相同,但在菌丝的形成和以外生孢子繁殖等方面则类似于丝状真菌。它以菌落呈放射状而得名。

放线菌在自然界分布广泛,含水量较少。放线菌大多数为腐生菌,少数为寄生菌。有机质丰富的微碱性土壤中最多,土壤特有的腥味主要是由放线菌所产生的代谢产物引起的。

放线菌的产物在医药、卫生、农业生产、食品加工等方面已得到广泛应用,有些放线菌还用来生产维生素和酶,此外,在酶抑制剂、甾体转化、烃类发酵、污水处理等方面也有所应用。少数寄生性放线菌则能引起人和动植物病害。

1. 放线菌的形态与结构

放线菌个体由分枝状菌丝组成,菌丝无隔膜,单细胞且有许多核(原核),菌丝比较细,与球菌的直径相似,细胞壁中含有胞壁酸和二氨基庚二酸,革兰氏染色为阳性。放线菌菌丝依形态与功能不同可分为 3 种类型(见图 3-8)。

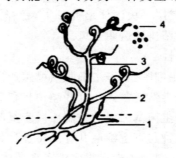

图 3-8　放线菌的形态

1—基内菌丝;2—气生菌丝;3—孢子丝;4—孢子

(1)基内菌丝

生长于培养基中吸收营养物质的菌丝,也称营养菌丝。一般无隔膜,有的无色,有的产生色素,可呈黄、橙、红、紫、蓝、褐、黑等不同颜色,所产生的色素可是脂溶性的,也可是水溶性的,水溶性的可在培养基内扩散。

(2)气生菌丝

当基内菌丝发育到一定阶段时,向空间长出的菌丝称为气生菌丝,较基内菌丝粗。

(3)孢子丝

气生菌丝发育到一定阶段时,气生菌丝上分化出可形成孢子的菌丝称为孢子丝。孢子丝有直立、弯曲、丛生和轮生的。孢子丝的形态有直线形、环形、螺旋形等(见图 3-9)。在孢子丝上长出孢子,孢子的形状为球形、卵形、椭圆形、杆形、瓜子形等。在电镜下观察其表面结构也不相同,有的光滑,有的带小疣、带刺或毛发状。孢子也常具有色素。孢子丝的着生状况、形态及孢子的形状、颜色等特征是放线菌分类鉴定的重要依据。

图 3-9　放线菌孢子丝形态

2. 放线菌的菌落特征

放线菌由于菌落呈放射状而得名,其菌落由菌丝体组成,菌丝分枝相互交错缠绕形成质地致密、表面呈较紧密的绒状或坚实、干燥、多皱、体小而向外延伸的菌落。由于放线菌的基内菌丝与培养基结合牢固,所以一般用接种针很难挑起。幼龄菌落因气生菌丝尚未分化成孢子丝,则菌落表面与细菌菌落表面相似不易区分。形成孢子丝时,在孢子丝上形成大量的分生孢子并布满菌落表面,成为表面粉末状或颗粒状的典型放线菌菌落。此外,由于基内菌丝、孢子常有颜色使其培养基的正反面呈现不同的色泽。

3. 放线菌的繁殖方式

放线菌以无性方式繁殖,主要是形成无性孢子进行繁殖,无性孢子主要有分生孢子和孢子囊孢子;也可通过菌丝断片繁殖。放线菌生长到一定阶段,一部分气生菌丝分化为孢子丝,孢子丝成熟便分化形成许多孢子,成为分生孢子。

以前人们认为,形成孢子的形式有凝聚和横隔分裂两种。但从电子显微镜观察超薄切片的结果表明,孢子丝形成孢子只有横隔分裂而无凝聚过程。横隔分裂有两种方式。

(1)质膜内陷,逐渐由外向内收缩并形成横隔膜,孢子丝分隔成许多孢子。

(2)细胞壁和质膜同时内陷,逐渐向内缢缩,形成隔膜壁,孢子丝缢裂成连串的孢子。

4. 常见放线菌属

(1)诺卡氏菌属

诺卡氏菌属(Nocardia)又称原放线菌属(Proactinomyces)。与链霉菌属不同,菌丝内有隔膜,并可断裂成杆状或球状。一般不产生气生菌丝,以横隔分裂方式形成孢子。有些种也产生抗生素,如抗结核菌的利福霉素。有些诺卡氏菌用于石油脱蜡、烃类发酵,在污水处理中分解腈类化合物。

(2)放线菌属

放线菌属(Actinomyces)菌丝较细,直径小于 1 μm,有横隔,可断裂成 V 形或 Y 形。不形成气生菌丝,不产生孢子,一般为厌氧或兼性厌氧。放线菌属多是致病菌,如引起牛的颚肿病的牛型放线菌(Act. bovis)。

（3）小单孢菌属

小单孢菌属（Micromonospora）菌丝较细，0.3～0.6 μm，无横隔，不断裂，不形成气生菌丝，只在基内菌丝上长出孢子梗，顶端着生一个球形或长圆形的孢子。很多种能产生抗生素，如产生庆大霉素的有绛红小单孢菌（Micromonospora pur-purea）、棘孢小单孢菌（Micromonospora echinospora）。

（4）链孢囊菌属

链孢囊菌属（Streptosporangium）主要特点是形成孢子囊及孢囊孢子。孢子囊由气生菌丝上的孢子丝盘卷而成。这类放线菌也有不少可产生抗生素而受到重视，如可以抑制革兰氏阳性细菌、革兰氏阴性细菌、病毒和肿瘤的多霉素就是由粉红链孢囊菌（Streptosporangiumroseum）产生的。

（5）链霉菌属

该属菌的基内菌丝体纤细，直径为 0.5～0.8 μm，也有的为 1～1.2 μm，无横隔，多分枝。形成各种形状的孢子丝，呈直、波曲、螺旋及轮生状。多生长在含水量较低、通气较好的土壤中。菌落紧密、多皱、崎岖，皮壳状或平滑，有各种颜色。气生菌丝体覆盖在菌落表层，呈粉状、绒状和茸毛状。孢子形成后也呈各种颜色。

链霉菌属有 1000 多种。许多常用的抗生素都由链霉菌产生，如链霉素、土霉素、井冈霉素、丝裂霉素、博莱霉素、制霉菌素和卡那霉素等。据统计，由链霉菌属产生的抗生素占由放线菌产生的抗生素的 90% 以上。

3.5.3　其他原核微生物

1.螺旋体

螺旋体是介于细菌与原生动物（原虫）之间的原核生物，形态和运动机制均较独特。螺旋体因菌体细长、柔软、弯曲呈螺旋状而得名。无鞭毛，具有细菌所有的基本结构，它包括圆柱形体、轴索和外膜。

螺旋体的运动机制尚待研究。但是，螺旋体细胞运动的方式取决于运动环境。在液体培养基中运动时，一般同时具有围绕纵轴迅速转动，以及细胞鞭打、变曲、卷曲或者像蛇一样扭动，在运动过程中，通常保持着螺外形的状态；如果在琼脂培养基上，螺旋体细胞以螺钻状形式经过黏性基质慢慢钻动，有的螺旋体如折叠螺旋本，在液体中游泳，在液体与固体的界面则"爬行"。

螺旋体以二均分裂方式繁殖。螺旋体广泛分布于自然界和动物体内，种类很多，有腐生和寄生两大类。腐生型常存在于污泥和垃圾中，而寄生种类能引起人畜疾病。如梅毒密螺旋体(又名苍白密螺旋体),引起人的梅毒病;回归热疏螺旋体(又名回归热包柔氏螺旋体)和杜通氏疏螺旋体均可引起人的回归热病。

虽然螺旋体种类很多,但除钩端螺旋体外,其他致病性螺旋体尚未人工培养成功,有关它们的生理学知识知道得很少。

根据螺旋体的生态环境、致病性、形态以及生理学特征可分为五个属。对人致病的有疏螺旋体属或包柔氏螺旋体属、密螺旋体属和钩端螺旋体属,它们分别引起回归热病、梅毒病和钩端螺旋体病。脊螺旋体属和螺旋体属两属系非致病的。

2. 立克次体

立克次体是 1909 年美国病理学副教授立克次,在研究落基山斑疹热时首先发现的。第二年,他不幸因感染斑疹伤寒而为科学献身。1916 年罗恰·利马首先从斑疹伤寒病人的体虱中找到,并建议取名为普氏立克次体,以纪念从事斑疹伤寒研究而牺牲的立克次和捷克科学家普若瓦帅克。

立克次体是介于最小细菌和病毒之间的一类独特的微生物,它们的特点之一是多形性,可以是球杆状或杆状,有时还出现长丝状体。立克次体长 $0.3\sim0.8$ μm,宽 $0.3\sim0.5$ μm,丝状体长可达 2 μm。一般可在光学显微镜下观察到。

立克次体是一类严格的活细胞内寄生的原核细胞型微生物。它的许多生物学性状接近细菌,如细胞壁结构、二分裂法繁殖、复杂的酶系统、对多种抗生素敏感等。它能引起人类患病,如引起斑疹伤寒、斑点热、恙虫病等;它与一些昆虫关系密切,如森林蜱、体虱,都可以是立克次体的宿主或储存宿主,通过它们作为传播媒介而感染人。

3. 支原体

支原体是一类没有细胞壁的原核细胞型微生物。细胞膜含胆固醇,可通过除菌滤器,二分裂繁殖,是目前所知的能在无生命培养基中生长繁殖的最小微生物。革兰染色阴性,不易着色,常以姬姆萨染色法染色,细胞呈淡紫色。

支原体突出的结构特征是不具细胞壁,只有细胞膜,故细胞柔软,形态多变,具有高度多形性。即使在同一培养基中,细胞也常出现不同大小的球状、环状、长短不一的丝状、杆状及不规则等多种形态。这些丝状体还常高度分枝,形成丝状真菌样形体,故有支原体之称。支原体的形态如图 3-10 所示。

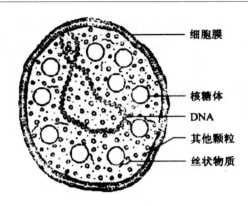

图 3-10　支原体的形态

支原体的营养要求一般比细菌高,培养基中必须加入 10%～20% 的小牛血清。一般在 pH7.8～8.0 生长,低于 7.0 则死亡,但溶脲脲原体适于 pH6.5。支原体生长缓慢,在琼脂含量较少的固体培养基上孵育 2～3 d 后出现菌落,典型的菌落呈荷包蛋样。在液体培养基中支原体的生长量较少,一般不易见到浑浊。支原体可在细胞培养基中生长,是污染细胞培养的一个重要因素。很多支原体可在鸡胚绒毛尿囊膜与组织培养基上生长。

支原体的生长不受能抑制细胞壁合成的抗生素如青霉素、环丝氨酸等的影响,但对干扰蛋白质合成的土霉素、四环素等很敏感,对溶菌酶也无反应。

支原体广泛分布于土壤、污水、温泉或其他温热环境以及昆虫、脊椎动物和人体中,只有少数能致病。支原体还经常污染实验室用来作为培养的传代细胞。

4. 衣原体

衣原体是介于立克次氏体与病毒之间,能通过细菌滤器,有独特发育周期、严格细胞内寄生的原核细胞型微生物。主要是通过性接触传播,进人生殖道后,喜欢进入黏膜细胞内生长繁殖,可引起女性子宫内膜炎、输卵管炎、盆腔炎、尿道炎等。可引起男性尿道炎、附睾炎、直肠炎等炎症。女性感染沙眼衣原体,会引起不孕、异位妊娠(宫外孕)、流产、死胎、胎膜早破、早产等。

衣原体有两种存在形态,分别称为原体和始体。原体是一种不能运动的球状细胞,具有感染力;原体逐渐伸长,形成无感染力的个体,即为始体,它是一种薄壁的球状细胞,形体较大。

衣原体与细菌的主要区别是其缺乏合成生物能量来源的 ATP 酶,衣原体的能量完全依赖被感染的宿主细胞;衣原体与病毒的主要区别在于其具有 DNA、RNA 两种核酸、核糖体和一个近似细胞壁的膜,并以二分裂方式进行增殖,能被抗生素抑制。

3.5.4 噬菌斑的观察

1. 实验目的

学习细菌噬菌斑的培养及观察方法。

2. 实验原理

噬菌体是寄生在细菌、放线菌体内的病毒。其专一性很强,如苏云金芽孢杆菌的噬菌体只能裂解苏云金芽孢杆菌,链霉菌的噬菌体只能裂解链霉菌。噬菌体的个体很小,已超过一般光学显微镜的辨析范围。但通过噬菌体裂解寄主细菌或放线菌这个特点,如菌液由浊变清,或在含菌的固体培养基上出现透明空斑(噬菌斑)等,可证明有噬菌体的存在。

3. 实验器材

(1)菌种

苏云金芽孢杆菌、感染噬菌体的苏云金芽孢杆菌。

(2)培养基

牛肉膏蛋白胨培养液、1%琼脂牛肉膏培养基、牛肉膏蛋白胨琼脂斜面。

(3)仪器或其他用具

灭菌培养皿、灭菌吸管。

4. 实验步骤

(1)接种苏云金芽孢杆菌

取牛肉膏蛋白胨培养液及牛肉膏琼脂斜面一支,接种苏云金芽孢杆菌,28～30℃培养,培养时注意菌液生长的浑浊程度。

(2)接入噬菌体

将含噬菌体的苏云金芽孢杆菌接入上述培养 8 h 的苏云金芽孢杆菌培养液中,28～30 ℃振荡培养。由于苏云金芽孢杆菌被噬菌体裂解,菌液的浑浊度逐渐下降,这时噬菌体的数目不断增加,用此作为噬菌体悬浮液。

（3）制菌悬液

将在牛肉膏琼脂斜面上培养 8 h 的苏云金芽孢杆菌加 4～5 mL 的无菌水，制成细菌悬浮液。

（4）观察噬菌斑

将已熔化并冷至 45～50 ℃ 的牛肉膏蛋白胨琼脂培养基 10 mL 倒入已灭菌的培养皿中，静置待凝固。取含 1% 琼脂的牛肉膏培养基 3～4 mL，熔化后置 45 ℃ 水浴中保温。另外取苏云金芽孢杆菌菌液 0.5 mL 及 0.2 mL 含有噬菌体的苏云金芽孢杆菌悬浮液与保温未凝固的培养基充分混合，然后立即倒入已凝固的平板上作为上层（即双层培养），待上层凝固，放在 28～30 ℃ 培养 24 h 取出观察。注意平板有无噬菌斑出现并注意观察其形态。

5. 实验结果

（1）绘出噬菌体的形态图。

（2）解释在固体平板上能形成噬菌斑的原因。

3.5.5　放线菌的形态结构观察

1. 实验目的

（1）观察放线菌的各种形态特征。

（2）学习并掌握观察放线菌孢子丝形态特征的几种方法。

2. 实验原理

放线菌是指一类主要呈丝状生长和以孢子繁殖的革兰氏阳性菌。放线菌的菌落在培养基上着生牢固，不易被接种针挑取，孢子的存在，常使菌落表面呈粉末状。常见放线菌大多由纤细的丝状细胞组成菌丝体，菌丝内无隔膜。菌丝体分为两部分，即紧贴培养基表面或深入培养基内生长的基内菌丝（简称"基丝"）或营养菌丝，以及由基丝生长到一定阶段还向空气中生长的气生菌丝（简称"气丝"）。

气丝进一步分化产生孢子丝及孢子。孢子丝依种类的不同，有直、波曲、各种螺旋形或分枝状等。孢子常呈圆形、椭圆形或杆形。有的放线菌只产生基丝而无气丝。显微镜直接观察时，气丝在上层、基丝在下层，气丝色暗，基丝较透明。气生菌丝、孢子丝和孢子的形态、颜色常作为放线菌分类的重要依据。

3.实验器材

(1)菌种

细黄链霉菌(5406放线菌)(Streptomyces microflavus)、灰色链霉菌(Streptomyces griseus)、弗氏链霉菌(Streptomyces fradiae)。

(2)仪器及用具

培养皿(90 mm)、高氏Ⅰ号培养基、0.1%亚甲蓝染液、苯酚品红染液、显微镜、盖玻片、载玻片、镊子、接种环、酒精灯、涂布棒、玻璃纸、打孔器等。

4.实验步骤

(1)插片法

将5406放线菌的斜面菌种制成10^{-3}的孢子悬液,取一接种环涂抹于制备好的平板培养基上,用无菌涂布棒涂抹均匀。将无菌盖玻片以45°角插入平板内的培养基中(勿插入至培养基底部),盖好皿盖,倒置于28 ℃恒温箱中培养5~7 d,长出孢子后取出培养皿,用镊子小心取出培养皿中的盖玻片,擦去背面附着的培养物,有菌面向下,轻放盖在载玻片上,用低倍镜、高倍镜观察(在载玻片中先滴加亚甲蓝染液,染色后观察效果更好)。找出3类菌丝及其分生孢子,并绘图。注意放线菌的基内菌丝、气生菌丝的粗细和色泽差异。

插片法用平板培养基不宜太薄,每培养皿应在20 mL左右。

(2)玻璃纸法

玻璃纸具有半透膜性,其透光性与载玻片基本相同。将灭菌的玻璃纸覆盖在琼脂平板表面,然后将放线菌接种于玻璃纸上,经培养使放线菌生长在玻璃纸上。在洁净载玻片上加一滴水,用剪刀剪取小片玻璃纸,菌面朝上平贴在载玻片的水滴上(勿产生气泡),先用低倍镜观察,再用高倍镜找到适宜部位仔细观察。

注意区分5406菌的基内菌丝、气生菌丝和弯曲状或螺旋状的孢子丝。观察时注意把视野调暗。

(3)印片染色法

①接种培养:用高氏Ⅰ号琼脂平板培养基,常规划线接种或点种,28 ℃培养4~7 d。

②印片:为了不打乱孢子的排列情况,将菌落或菌苔先印在载玻片上,经染色后观察。

方法1:用小刀将平板上的菌苔连同培养基切下一小块,菌面朝上放在一载玻片上。取另一载玻片对准菌苔轻轻按压(切勿滑动培养物,否则会打乱自然形态),使孢子丝和孢子印在后一载玻片上。

方法 2:用镊子取洁净载玻片并微微加热,然后用此微热载玻片盖在长有 5406 菌或棘孢小单孢菌的平皿上,轻轻压一下,注意将载玻片垂直放下和取出,以防载玻片水平移动而破坏放线菌的自然形态。

③固定:将印有孢子丝和孢子的涂面朝上,通过酒精灯火焰 2～3 次,加热固定。

④染色:用苯酚品红染液染色 1 min 后水洗晾干。

⑤镜检:从低倍镜到高倍镜,最后用油镜观察孢子丝、孢子的形态及孢子排列情况。区别基内菌丝、气生菌丝、孢子丝及孢子的形态、粗细和颜色的差异。

5. 注意事项

(1)培养放线菌时要注意,放线菌的生长速度较慢,培养期较长,在操作过程中应特别注意无菌操作,严防杂菌污染。

(2)玻璃纸法培养接种时注意玻璃纸与平板琼脂培养基间不应有气泡,以免影响其表面放线菌的生长。

(3)印片时不要用力过大而压碎琼脂,更不要滑动培养物,以免改变放线菌孢子丝和孢子的自然形态。

6. 实验结果

绘图说明所观察到的各种放线菌的形态特征并注明各部分名称。

第4章 微生物的生理生化反应

由于各种微生物具有不同的酶系统,所以它们能利用的底物不同,或虽利用相同的底物但产生的代谢产物却不同,因此可以利用各种生理生化反应来鉴别不同的细菌,尤其是在肠杆菌科细菌的鉴定中,生理生化实验占有重要的地位。本章主要阐明细菌生长曲线的测定、环境条件对微生物生长的影响、大分子物质的水解实验、糖类发酵实验,以及乙醇、乳酸、丁酸发酵实验。

4.1 细菌生长曲线的测定

4.1.1 实验目的

了解细菌生长曲线的特点及测定原理,学会用比浊法测定细菌的生长曲线。

4.1.2 实验原理

将一定数量的细菌接种于适宜的液体培养基中,在适温下培养,定时取样测数,以菌数的对数为纵坐标,生长时间为横坐标,作出的曲线称为生长曲线。该曲线表明细菌在一定的环境条件下群体生长与繁殖的规律。一般分为延滞期、对数期、稳定期及衰亡期4个时期。各时期的长短因菌种本身特征、培养基成分和培养条件不同而异。

比浊法是根据细菌悬液细胞数与浑浊度成正比,与光的穿透量成反比,利用光电比色计测定细胞悬液的光密度,即 OD 值,对培养时间作图,即表示该菌在本实验条件下的相对生长量。

本实验设正常生长、加酸抑制和加富营养物质 3 种处理,以了解细菌在不同生长条件下的生长情况。

4.1.3　实验器材

1.菌种

培养 18 h 的大肠杆菌培养液。

2.试剂和器材

牛肉膏蛋白胨液体培养基 14 支(每支 10 mL),浓缩 5 倍的牛肉膏蛋白胨培养基 1 支,无菌酸溶液(甲酸∶乙酸∶乳酸＝3∶1∶1),1 mL 无菌吸管 3 支,摇床,冰箱,光电比色计,标签等。

4.1.4　实验步骤

1.接种

取 13 支装有牛肉膏蛋白胨培养液的管,贴上标签(注明菌名、培养处理、培养时间、组号)。按无菌操作法用吸管向每管准确加入 0.2 mL 大肠杆菌培养液,接种后,轻轻摇荡,使菌体混匀。另一支不接种的培养管注明 CK(对照)。

2.培养

接种后的培养管置于摇床上,在 37 ℃下振荡培养。其中 9 支培养管分别于培养的 0 h、1.5 h、3 h、4 h、6 h、8 h、10 h、12 h 和 14 h 后取出,放冰箱中贮存,待测定。

(1)加酸处理

取出经 4 h 培养的另两支培养管,按无菌操作法加入 1 mL 无菌酸溶液,摇匀后放回摇床上,继续振荡培养,于培养 8 h 和 14 h 后取出放冰箱中贮存,待测定。

(2)加富营养物的处理

余下的两支培养管于培养 6 h 后取出,按无菌操作法加入浓缩 5 倍的牛肉膏蛋白胨培养液 1 mL,摇匀后,继续进行振荡培养,于培养 8 h 和 14 h 后取出,放入冰箱中贮存,待测定。

3.比浊

将培养不同时间、形成不同细胞浓度的细菌培养液进行适当稀释,以未接种的牛肉膏蛋白胨液体培养基作为空白对照,在光电比色计上,选用 400～440 nm 波长的滤光片进行比浊,从最稀浓度的菌悬液开始,依次测定。测定时,若菌悬液仍然太浓,应再进行稀释,使光密度降至0~0.4。

4. 绘制曲线

以细菌悬液的光密度值为纵坐标,培养时间为横坐标,绘出大肠杆菌在正常生长、加酸处理、加富培养3种条件下的生长曲线。

4.1.5 实验结果

(1)将所测得的光密度值填于表4-1。

表 4-1   一定培养条件下定时测得的光密度值

	处理	0 h	1.5 h	3 h	4 h	6 h	8 h	10 h	12 h	14 h
光 密 度(OD)	正常生长									
	加酸培养									
	加富培养									

(2)绘出大肠杆菌在以上3种情况下的生长图,标出在正常生长曲线中的4个生长时期。

4.2 环境条件对微生物生长的影响

4.2.1 物理因素对微生物生长的影响

1. 实验目的

(1)了解物理因素及其对微生物生长的影响。
(2)进一步熟悉无菌操作。

2. 实验原理

微生物与所处的环境之间有复杂的相互影响和相互作用,各种环境因素(包括物理因素、化学因素和生物因素),如温度、渗透压、紫外线、pH、氧气、某些化学药品及拮抗菌等对微生物的生长繁殖、生理生化过程产生着影响。不良的环境条件使微生物的生长受到抑制,甚至导致菌体的死亡。但是某些微生物产生的芽孢,对恶劣的环境条件有较强的抵抗能力。我们可以通过控制环境条件,使有害微生物的生长繁殖受到抑制,甚至被杀死从而使有益微生物得到发展。

物理因素包括温度、渗透压、紫外线、光照等,都可对微生物的生长产生影响。

(1)温度可影响生物代谢过程中各种酶和蛋白的活性,从而影响其生长。不同的微生物生长繁殖所要求的最适温度不同,根据微生物生长的最适温度范围,可分为高温菌、中温菌和低温菌,自然界中绝大部分微生物属中温菌。有些微生物虽然是中温菌,但它可产生耐受极端高温的休眠体或孢子,因此它们可以对高温产生极强的抵抗能力。

(2)渗透压可影响生物膜内、外的物质交换,可造成细胞脱水等严重影响细胞功能的后果。

(3)紫外线主要作用于细胞内的 DNA。使同一条链 DNA 相邻嘧啶间形成胸腺嘧啶二聚体,引起双链结构扭曲变形,阻碍碱基正常配对,从而抑制 DNA 的复制,轻则使微生物发生突变,重则造成微生物死亡。紫外线照射的剂量和所用紫外灯的功率(瓦数)、照射距离和照射时间有关。当紫外灯和照射距离固定,照射的时间越长则照射的剂量越高。紫外线透过物质的能力弱,一层黑纸和普通玻璃足以挡住紫外线的通过。

3. 实验器材

(1)实验材料

菌种:大肠杆菌(Escherichia coli)、金黄色葡萄球菌(Staphylococcua aureus)、枯草芽孢杆菌(Bacillus subtilis)。

(2)试剂

培养基:牛肉膏蛋白胨琼脂培养基、NaCl、无菌水。

(3)主要仪器设备

超净工作台、培养箱、酒精灯、接种环、培养皿、三角烧瓶、涂布棒、紫外灯。

4. 实验步骤

(1)温度对微生物生长的影响

①倒平板

将牛肉膏蛋白胨琼脂培养基熔化后倒平板,厚度为一般的平板的 1.5～2 倍。

②标记、接种

取 9 套平板,分别在皿底用记号笔划分出 3 个区域,标记为大肠杆菌、金黄色葡萄球菌、枯草芽孢杆菌。

按无菌操作要求,用接种环分别取上述 3 种菌,划线接种于平板的相应区域。

③培养、观察

各取 3 套平板倒置于 4 ℃、37 ℃ 和 50 ℃ 的培养箱中,24 h 后观察细菌生长状况并记录。以"—"表示不生长,"＋"表示生长,并以"＋""＋＋""＋＋＋"表示不同生长量。

(2)渗透压对微生物生长的影响

①倒平板

将含有 0.85％、5％、10％、20％NaCl 的牛肉膏蛋白胨琼脂培养基熔化后倒平板。

②标记、接种

取 12 套平板,分别在皿底用记号笔标明 NaCl 浓度并划分出 3 个区域,标记为大肠杆菌、金黄色葡萄球菌、枯草芽孢杆菌。

按无菌操作要求,用接种环分别取上述 3 种菌,划线接种于平板的相应区域。

③培养、观察

将平板倒置于 30 ℃ 的培养箱中,24 h 后观察细菌生长状况并记录。以"—"表示不生长,"＋"表示生长,并以"＋""＋＋""＋＋＋"表示不同生长量。

(3)紫外线对微生物生长的影响

①取牛肉膏蛋白胨琼脂培养基平板 3 个,分别标明大肠杆菌、枯草芽孢杆菌、金黄色葡萄球菌。

②分别用无菌移液管取培养 18～20 h 的大肠杆菌、枯草芽孢杆菌和金黄色葡萄球菌菌液 0.1 mL(或 2 滴),加在相应的平板上,再用无菌涂布棒涂布均匀。

③紫外灯预热 10～15 min 后,把平板置于紫外灯下,将培养皿皿盖打开一半,使平板表面一半接受紫外照射,另一半仍由皿盖加以遮挡。开始计时,紫外线照射 20 min(照射的剂量以平板没有被遮盖的部位,有少量菌落出现为宜)。照射完毕后,盖上皿盖。

④37 ℃ 培养 24 h 后观察结果,比较并记录 3 种菌对紫外线的抵抗能力。

5. 注意事项

(1)在高温培养条件下,平板的厚度为一般平板的 1.5～2 倍,以避免高温导致培养基干裂。

(2)无菌操作必须严格要求,不同菌种避免混杂。

(3)在平板上标记应当清晰,避免因平板过多造成混乱。

(4)注意紫外灯的使用,不要将身体长时间暴露于紫外灯下。

6.实验结果

(1)温度对微生物生长的影响

温度对微生物生长的影响的结果记录于表 4-2 中。

表 4-2　温度对微生物生长的影响

	4 ℃	37 ℃	50 ℃
大肠杆菌			
枯草芽孢杆菌			
金黄色葡萄球菌			

(2)渗透压对微生物生长的影响

渗透压对微生物生长的影响的结果记录于表 4-3 中。

表 4-3　渗透压对微生物生长的影响

	0.85%	5%	10%	20%
大肠杆菌				
枯草芽孢杆菌				
金黄色葡萄球菌				

(3)紫外线对微生物生长的影响

请绘图表示紫外线对微生物生长的影响。

4.2.2　化学因素对微生物生长的影响

1.实验目的

(1)了解 pH 对微生物的影响,确定微生物生长所需要的最适 pH。

(2)了解常用化学药剂对微生物的作用。

(3)学习测定石炭酸系数的方法。

2. 实验原理

每种微生物都有其最适 pH 和一定的 pH 范围。在最适范围内,酶活性最高,如果其他条件适宜,微生物的生长速率也最高。一般来说,细菌和放线菌要求中性或微碱性的 pH,而酵母菌和霉菌则在偏酸的环境中生长。当环境中的 pH 超过或低于其适宜生长的 pH 范围时,微生物的生长就会受到抑制。了解这个特性后,就可以配制不同 pH 的培养基来培养不同的微生物,或选择性地分离某种微生物。

常用的化学消毒剂主要有重金属及其盐类,酚、醇、醛等有机化合物以及碘、表面活性剂、有机染料等。它们的杀菌或抑菌作用主要是使菌体蛋白质变性,或者与酶的—SH 结合而使酶失去活性所致。

本实验是观察常用的化学消毒剂在一定浓度下对微生物的抑菌或杀菌作用,从而了解它们的抑菌或杀菌性能。

为了比较各种化学消毒剂的杀菌能力,常以石炭酸作为比较的标准,即将某一消毒剂作不同稀释后,在一定条件下、一定时间内杀死全部供试菌的最高稀释度,与达到同样效果的石炭酸的最高稀释度的比值,称为这种消毒剂对该种微生物的石炭酸系数(酚系数)。石炭酸系数越大,说明该消毒剂杀菌能力越强。

由于各种消毒剂的杀菌机制不同,故石炭酸系数仅有一定的参考价值。

3. 实验器材

无菌培养皿,滤纸片,试管,1 mL 和 2 mL 移液管,记号笔,镊子;

2.5%碘酒,0.1%升汞($HgCl_2$),5%石炭酸,75%酒精,2%来苏尔,0.25%新洁尔灭,0.005%龙胆紫,0.05%龙胆紫;

盛有 8 mL 豆芽汁蔗糖培养液的试管,牛肉膏蛋白胨琼脂培养基,0.1 mol/L K_2HPO_4 溶液,0.07 mol/L H_3BO_3 溶液,0.033 mol/L 柠檬酸溶液,0.2 mol/L NaOH 溶液;

枯草芽孢杆菌,细黄链霉菌(5406 放线菌),酿酒酵母,黑曲霉,大肠杆菌,金黄色葡萄球菌。

4. 实验步骤

(1)pH 对微生物的影响

①按表 4-4 配制不同 pH 的培养基,每种 pH 配 4 管。

表 4-4　不同 pH 的培养基的配制

0.2 mol/L K₂HPO₄/mL	0.1 mol/L 柠檬酸盐溶液/mL	豆芽汁蔗糖培养液/mL	总量/mL	pH（近似值）
0.4	1.6	8	10	3
1.0	1.0	8	10	5
1.6	0.4	8	10	7
0.2 mol/L 硼酸/mL	**0.2 mol/L NaOH/mL**	**豆芽汁蔗糖培养液/mL**	**总量/mL**	**pH（近似值）**
1.3	0.7	8	10	9
0.7	1.3	8	10	11

②将配好的培养基,进行间歇灭菌(100 ℃蒸 3 次,每次 20 min)。

③取同一 pH 的培养基 4 管,按无菌操作方法,分别接入枯草芽孢杆菌、细黄链霉菌(5406 放线菌)、酿酒酵母、黑曲霉。

④置 28 ℃恒温箱中培养 3 d 后,取出观察结果,并与未接种的培养基进行对照。

(2)常用化学药剂对微生物的影响

①各种化学药剂的杀菌作用

·用无菌移液管吸取培养 18 h 的金黄色葡萄球菌菌液 0.2 mL 于无菌培养皿内。

·倒入已熔化并冷至 50 ℃左右的牛肉膏蛋白胨琼脂培养基,与菌液充分摇水平放置,待凝。

·将上述已凝固的培养皿用记号笔在皿底划成 8 等份,每一等份内标明一种药物的名称。

·用无菌镊子将小圆形滤纸片分别浸入各种药液中,取出,并除去多余药液后,以无菌操作将纸片对号放入培养皿的小区内,如图 4-1 所示。

·将上述放好滤纸片的含菌培养皿,倒置于 37 ℃恒温箱中培养 24 h 后,取出测定抑菌圈大小,并说明其杀菌力强弱。

②石炭酸系数的测定

·将 5%(1∶20)的石炭酸溶液按表 4-5 配成不同浓度,每管 5 mL。

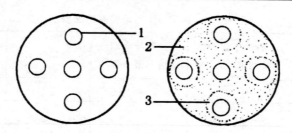

图 4-1　滤纸片法测药剂杀菌作用

1—滤纸片；2—细菌生长区；3—抑菌区

表 4-5　不同浓度石炭酸溶液的配制

浓度	原液(1:20)/mL	加水/mL	总量/mL	混匀后取出量/mL	留下量/mL
1:50	2	3	5	0	5
1:60	2	4	6	1	5
1:70	2	5	7	2	5
1:80	2	6	8	3	5
1:90	2	7	9	4	5

• 将待测药物(来苏尔)先配成 1:20 的原液,再按表 4-6 配成不同浓度,每管 5 mL。

表 4-6　不同浓度来苏尔溶液的配制

浓度	原液(1:20)/mL	加水/mL	总量/mL	混匀后取出量/mL	留下量/mL
1:150	1	6.5	7.5	2.5	5
1:200	0.5	4.5	5	0	5
1:250	0.5	5.725	6.225	1.225	5
1:300	0.5	7	7.5	2.5	5
1:800	0.25	6.25	6.5	1.5	5

• 取牛肉膏蛋白胨液体培养基 30 管,1~15 管标明石炭酸的 5 种浓度,每种浓度 3 管,每 3 管分 5 min、10 min、15 min 处理,16~30 管标明来苏尔的 5 种浓度,同样每种浓度 3 管,每 3 管分 5 min、10 min、15 min 处理。

• 在上述不同浓度的石炭酸和来苏尔溶液中,各接入 0.5 mL 大肠杆菌菌液,摇匀。注意每管自接种时起在 5 min、10 min、15 min,用同一接种环从各管内取一环接入上述已标记的液体培养基试管中。

• 置 37 ℃恒温箱中培养 48 h,观察并记录生长情况。生长者溶液混浊,以"＋"表示;不生长者溶液澄清,以"－"表示。

• 计算石炭酸系数,找出在 5 min 生长,而在 10 min 和 15 min 均不生长的石炭酸及来苏尔的最大稀释度,计算二者的比值。例如石炭酸在 10 min 内杀死大肠杆菌的最大稀释度是 1∶70,来苏尔是 1∶250,则来苏尔的石炭酸系数为 250/70＝3.6。

5.实验结果

(1)将微生物在不同 pH 培养基中的生长情况填入表 4-7 中,"－"表示不生长;"＋"表示生长较差;"＋＋"表示生长一般;"＋＋＋"表示生长良好。

表 4-7　微生物在不同 pH 培养基中的生长情况

pH	枯草芽孢杆菌	细黄链霉菌	酿酒酵母	黑曲霉
3				
5				
7				
9				
11				

(2)比较不同化学药剂对金黄色葡萄球菌的致死能力,将结果填入表 4-8 中。

表 4-8　不同化学药物对金黄色葡萄球菌的致死能力

药剂	抑菌圈直径/mm
2.5％碘酒	
0.1％升汞（$HgCl_2$）	
5％石炭酸	
75％酒精	
2％来苏尔	
0.25％新洁尔灭	
0.005％龙胆紫	
0.05％龙胆紫	

（3）石炭酸系数的测定和计算（见表4-9）。

表 4-9　大肠杆菌在石炭酸、来苏尔溶液中的生长情况

杀菌剂	稀释倍数	加菌后作用时间/min		
		5	10	15
石炭酸	1∶50			
	1∶60			
	1∶70			
	1∶80			
	1∶90			
来苏尔	1∶150			
	1∶200			
	1∶250			
	1∶300			
	1∶500			

4.2.3　生物因素对微生物的影响

1．实验目的

（1）了解某一抗生素的抗菌范围。

（2）学习抗菌谱实验的基本方法。

2．实验原理

许多微生物在其生命活动过程中能产生某种特殊的代谢产物，具有选择性地抑制或杀死其他微生物的作用，例如抗生素。不同抗生素的抗菌谱是不同的，某些抗生素只对少数细菌有抗菌作用，例如青霉素一般只对革兰氏阳性菌有抗菌作用，多黏蕾素只对革兰氏阴性菌有作用，这类抗生素称为窄谱抗生素；而另一些抗生素则对多种细菌有作用，例如四环素、土霉素对许多革兰氏阳性和革兰氏阴性菌都有作用，这类抗生素称为广谱抗生素。如果将产生某种抗生素的菌划直线接种在豆

芽汁葡萄糖琼脂培养基平板上,经培养后,就会长出一条菌带,该菌产生的某种抗生素向菌带周围扩散。再与这条菌带相垂直划直线接种某些不同的实验菌,就会产生不同长度的抑菌带,如图 4-2 所示。根据抑菌带的长短,即可判断该抗生素对不同微生物的影响。本实验说明产黄青霉产生的青霉素和灰色链霉菌产生的链霉素对大肠杆菌、金黄色葡萄球菌和枯草芽孢杆菌的抑制效果。

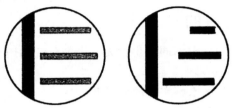

图 4-2　抗生素抗菌谱实验

3. 实验器材

无菌培养皿,接种环;

豆芽汁葡萄糖琼脂培养基,马铃薯葡萄糖琼脂培养基(PDA 培养基);

产黄青霉(Penicillium ckrysogenum),灰色链霉菌,大肠杆菌,金黄色葡萄球菌,枯草芽孢杆菌。

4. 实验步骤

(1)将豆芽汁葡萄糖琼脂培养基熔化后,冷却至 50 ℃左右倒平板,凝固待用。

(2)用接种环挑取产黄青霉的孢子在平板上按图 4-2 所示划一直线。

(3)接种后,倒置于 28 ℃恒温箱中培养 2～3 d。

(4)待上述平板形成菌苔后,再用接种环从产黄青霉的菌带边缘(不要接触菌苔)分别垂直向外划直线,接种大肠杆菌、金黄色葡萄球菌和枯草芽孢杆菌。

(5)倒置于 37 ℃恒温箱中培养 24 h 后,观察结果。

(6)将 PDA 培养基制成平板,用同样的方法做灰色链霉菌的抗菌谱实验,并记录结果。

5. 实验结果

绘图表示并说明产黄青霉产生的青霉素和灰色链霉菌产生的链霉素对大肠杆菌、金黄色葡萄球菌和枯草芽孢杆菌的抑菌效能。

4.3 大分子物质的水解实验

4.3.1 实验目的

(1)通过了解不同细菌对不同的生物大分子的分解利用情况,从而认识微生物代谢类型的多样性。

(2)掌握微生物大分子水解实验的原理和方法。

(3)学习平板接种法及穿刺接种法。

4.3.2 实验原理

不同微生物具有不同的酶系(包括胞内酶和胞外酶),因而在其生命活动过程中表现出不同的生理特征,在代谢类型上表现出很大的差异。例如,对大分子糖类(碳源)和蛋白质(氮源)的分解能力,以及分解代谢的最终产物等有很大的不同。微生物对环境的温度、pH、氧气、渗透压等理化因素的要求及敏感性等也有很大的差异,这些因素都能影响微生物的生长。

在微生物生活细胞中产生的全部生物化学反应称为代谢,代谢过程实际上是酶促反应过程。微生物的代谢类型具有多样性,这使得微生物在自然界的物质循环中起着重要作用,同时也为人类开发利用微生物资源提供了更多的机会与途径。

微生物在生长繁殖过程中,需从外界环境吸收营养物质。外界环境中的小分子有机物可被微生物直接吸收,而大分子有机物则不能被微生物直接吸收,它们须经微生物分泌的胞外酶将其分解为小分子有机物,才能被吸收利用。例如,生物大分子中的淀粉、蛋白质、脂肪等须经微生物分泌的胞外酶,如淀粉酶、蛋白酶、脂肪酶分别分解为糖、肽、氨基酸、脂肪酸等之后,才能被微生物吸收而进入细胞。

为了更好地利用微生物的多种发酵类型和代谢产物,为发酵工业做贡献,我们必须了解不同微生物的生理特性,并熟悉其生理特点。为此,现分别论述微生物对碳源的利用实验和微生物对氮源的利用实验。

1. 微生物对碳源的利用实验

碳源是微生物需要量最大且最基本的营养要素,能作为微生物碳源的最主要物质是各种糖类和脂类。进行糖类发酵实验主要是研究多种糖类能否被微生物作为碳源或能源进行利用,是常用的鉴别微生物的生理生化反应。

(1)淀粉水解实验

微生物对大分子的淀粉不能直接利用,必须依靠其产生的胞外酶(水解酶),将淀粉分解为较小的化合物,才能被运输至细胞内为微生物所吸收利用。

某些细菌能够分泌淀粉酶(胞外酶),将淀粉水解为麦芽糖和葡萄糖,再被细菌吸收利用。淀粉遇碘液会产生蓝色反应,但淀粉被水解后遇碘液不再变蓝色,可说明此细菌能产生淀粉酶。

(2)脂肪水解实验

脂肪也是碳源之一,微生物不能直接利用大分子的脂肪,必须依赖其产生的胞外脂肪酶,将培养基中的脂肪水解为甘油和脂肪酸,才能被微生物所吸收利用。所产生的脂肪酸,可通过预先加入油脂培养基中的中性红加以指示[指示范围 pH=6.8(红色)~8.0(黄色)]。当细菌分解脂肪产生脂肪酸时,培养基中出现工色斑点,说明微生物能产生胞外酶。

2. 微生物对氮源的利用实验

氮源是能被微生物用来构成细胞物质和代谢产物中氮素的营养物质,而氮素亀构成微生物细胞蛋白质和核素的主要元素。由于微生物对不同氮素的分解利用情况有很大差别,因此对氮素的需要和利用也有差异,所以就成了微生物分类鉴利的重要依据之一。

(1)明胶液化实验

明胶是一种动物蛋白,是由胶原蛋白经水解产生的蛋白质。明胶培养基在低于 25 ℃时可以维持凝胶状态,高于 25 ℃便会自行液化,某些细菌能产生蛋白酶(胞外酶),将明胶水解成小分子物质,因此培养此细菌的培养基即使在低于 25 ℃的媼度下,明胶也不再凝固,而由原来的固体状态变为液体状态,甚至在 4 ℃时仍能保持液化状态,说明该细菌能产生蛋白酶。

(2)石蕊牛乳实验

牛乳中主要含有乳糖和酪蛋白(酪素)。细菌对牛乳的利用主要是指对乳糖及酪蛋白的分解利用。牛乳中加入石蕊作为酸碱指示剂和氧化还原指示剂。石蕊中性时呈淡紫色,酸性时呈粉红色,碱性时呈蓝色,还原时则部分或全部褪色变白。

细菌对牛乳的作用有以下几种情况。

①产酸:细菌发酵乳糖产酸,使石蕊变红。

②产碱：细菌分解酪蛋白产生碱性物质，使石蕊变蓝。

③胨化：细菌产生蛋白酶，使酪蛋白分解，故牛乳变成清亮透明的液体。

④酸凝固：细菌发酵乳糖产酸，使石蕊变红，当酸度很高时，可使牛乳凝固。

⑤凝乳酶凝固：细菌产生凝乳酶，使牛乳中的酪蛋白凝固，此时石蕊呈蓝色或不变色。

⑥还原：细菌生长旺盛时，使培养基氧化还原电位降低，因而石蕊被还原而褪色。

（3）尿素实验

尿素是大多数哺乳动物消化蛋白质后分泌在尿中的废物。尿素酶能分解尿素释放氨，这是一个分辨细菌很有用的实验。尽管很多微生物都可以产生尿素酶，但它们利用尿素的速度比变形杆菌属的细菌要慢，因此尿素实验被用来从其他非发酵乳糖的肠道微生物中快速区分这个属的成员。尿素琼脂含有蛋白胨、葡萄糖、尿素和酚红。酚红指示剂在 pH 6.8 时为黄色，而在培养过程中，产生尿素酶的细菌将分解尿素产生氨，使培养基的 pH 升高，在 pH 升至 8.4 时，指示剂就转变成深粉红色。

4.3.3　实验器材

（1）菌种

枯草芽孢杆菌，金黄色葡萄球菌，大肠杆菌，产气肠杆菌，黏乳产碱菌，铜绿假单胞菌。

（2）培养基

淀粉培养基，油脂培养基，明胶液化培养基，石蕊牛乳培养基，尿素培养基斜面。

（3）溶液或试剂

革兰氏染色用鲁戈氏碘液。

（4）仪器及用具

无菌平板，无菌试管，接种环，接种针，试管架，酒精灯，酒精棉，恒温箱。

4.3.4　实验步骤

1.淀粉水解实验

（1）将装有淀粉培养基的锥形瓶置于沸水浴中熔化，然后取出冷却至 50 ℃左右,即倾入培养皿中,待凝固后制成平板。

(2)翻转平板使底皿向上,用记号笔在其上划一条线,将培养皿分成两半,一半用于接种枯草芽孢杆菌作为阳性对照菌,另一半用于接种实验菌大肠杆菌或产气肠杆菌。接种时用接种环取少量菌苔,在平板两边各划"＋"。如图 4-3 所示。

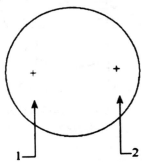

图 4-3　淀粉水解实验接种示意
1—枯草芽孢杆菌;2—实验菌

(3)将接完种的平板倒置于 37 ℃恒温箱中培养 24 h。

(4)观察结果时,打开培养皿盖,滴加少量碘液于平板上,轻轻旋转,使碘液均匀铺满整个平板。如菌体周围出现无色透明圈,则说明淀粉已被水解,测试结果为阳性,反之为阴性。透明圈的大小,可初步判定该菌水解淀粉能力的强弱,即产生胞外淀粉酶活力的高低。

2. 油脂水解实验

(1)将装有油脂培养基的锥形瓶置于沸水浴中熔化,取出并充分振荡(使油脂均匀分布),再倾入培养皿中,待凝固后制成平板。

(2)翻转平板使底皿背面向上,用记号笔在其上划一条线,将培养皿分成两半。一半用于接种金黄色葡萄球菌作为阳性对照菌,另一半用于接种实验菌大扬杆菌或产气肠杆菌。接种时用接种环取少量菌在平板两边各划线接种,如图 4-4 所示。

(3)将接种完的平板倒置于 37 ℃恒温箱中,培养 24 h。

(4)观察结果时,注意观察平板上长菌的地方,如出现红色斑点,即说明脂肪已被水解,此为阳性反应,反之则为阴性。

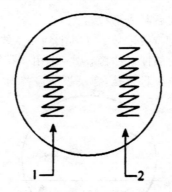

图 4-4　油脂水解实验接种示意

1—金黄色葡萄球菌;2—实验菌

3.明胶液化实验

(1)将装有明胶培养基的锥形瓶置于沸水浴中熔化,取出并充分振荡,再分装入试管,高温灭菌。

(2)取几支盛有明胶培养基的试管,用记号笔标明各管中拟接种的菌种名称。

(3)用穿刺接种法分别接种大肠杆菌或产气肠杆菌于明胶培养基中。接种后置于 20 ℃恒温箱中,培养 48 h。

(4)观察结果时,注意培养基有无液化情况及液化后的形状,如图 4-5 所示。

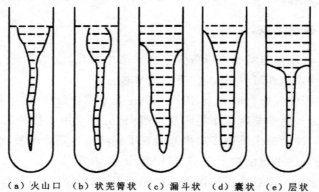

（a）火山口　（b）状芜箐状　（c）漏斗状　（d）囊状　（e）层状

图 4-5　明胶穿刺接种液化后的各种形状

4.石蕊牛奶实验

(1)将装有石蕊牛奶培养基的锥形瓶置于沸水浴中熔化,取出并充分振荡,再分装入试管,高温灭菌。

(2)取几支盛有石蕊牛奶培养基的试管,用记号笔标明各管中拟接种的菌种名称。

(3)分别接种黏乳产碱菌或铜绿假单胞菌于两支石蕊牛奶培养基中,置于 37 ℃恒温箱中培养 7 d。另外保留一支不接种石蕊牛奶培养基作对照。

(4)观察结果时,注意牛奶有无产酸、产碱、凝固或胨化等反应。

5. *尿素实验*

(1)取两支尿素培养基斜面试管,用记号笔标明各管要接种的菌名。

(2)分别接种普通变形杆菌和金黄色葡萄球菌。

(3)将接种后的试管置 35 ℃培养 24～48 h。

(4)观察培养基颜色变化。尿素酶存在时为红色,无尿素酶时应为黄色。

4.3.5　注意事项

(1)淀粉水解实验中,如菌苔周围出现无色透明圈,说明淀粉已被水解,为阳性。可根据透明圈的大小初步判断该菌水解淀粉能力的强弱。

(2)油脂水解实验中,如菌苔颜色出现红色的斑点,则说明各管脂肪水解,为阳性反应。

(3)明胶液化实验中,将实验管从恒温箱中取出时注意不要晃动,静置于冰箱中 30 min,取出后立即倾斜试管,观察试管中明胶培养基是否液化。

(4)石蕊牛奶实验中,产酸、产碱、凝固、胨化各现象是连续出现的,往往观察某种现象出现时,另一种现象已经消失了,所以观察时应留意。

(5)石蕊牛奶实验中,接种细菌产酸时,因石蕊被还原,一般不呈红色。

(6)培养基的制备过程中尽量避免气泡产生,以免影响观察。

(7)制作的培养基最好现配现用,不宜放置过久,以免营养物质损失,影响实验结果。

(8)平板接种和穿刺接种都应做到无菌操作,避免杂菌污染。

(9)实验使用的培养皿、试管、接种环等器皿必须洁净。

4.3.6　实验结果

将细菌对生物大分子分解利用的各项实验反应原理及其结果分别填入表4-10及表4-11中。

表 4-10　细菌对生物大分子的分解利用各项实验反应原理

实验名称	反应物	细菌分泌外酶	水解产物	检查试剂	阳性反应
淀粉水解实验					
油脂水解实验					
明胶液化实验					
石蕊牛奶实验					
尿素实验					

表 4-11　细菌对生物大分子物质的分解利用各项实验结果

实验菌名	淀粉水解	油脂水解	明胶水解	石蕊牛奶	尿素实验
大肠杆菌					
产气杆菌					
金黄色葡萄球菌					
枯草芽孢杆菌					
黏乳产碱菌					
铜绿假单胞菌					

注:以"＋"表示阳性,以"－"表示阴性。

4.4　糖类发酵实验

4.4.1　实验目的

(1)了解细菌鉴定中对糖利用的生理生化反应过程和原理。

(2)学习如何使用杜氏小管进行糖发酵实验,并比较 3 种菌的糖发酵实验结果。

4.4.2　实验原理

糖发酵实验是最常用的生化反应,在肠道细菌的鉴定上尤为重要。不同的细菌分解糖、醇的能力不同,有些细菌分解糖产酸并产气,有的产酸而不产气。因此,可以根据分解利用糖能力的差异作为鉴定菌种的依据。在培养基中加入酸碱指示剂——溴麝香草酚蓝(pH6.0~7.6)或溴甲酚紫(pH5.2~6.8),当发酵产酸时,可使培养基颜色发生变化,由蓝色→黄色或紫色→黄色。有无气体的产生,可从培养液中倒置的杜氏小管的上端有无气泡来判断(见图 4-6)。

（a）培养前的情况　（b）培养后产酸不产气　（c）培养后产酸产气

图 4-6　糖发酵实验

例如,E. coli 分解葡萄糖和乳糖产酸产气;而伤寒杆菌分解葡萄糖只产酸不产气,不分解乳糖;普通变形杆菌分解葡萄糖产酸并产气,但不分解乳糖。

4.4.3　实验器材

1.菌种和培养基

E. coli、普通变形杆菌、伤寒杆菌、产气杆菌,糖发酵培养基(葡萄糖、乳糖、蔗糖)。

2.仪器与用品

超净工作台、恒温培养箱、高压蒸汽灭菌锅、试管、移液管、杜氏小管(或用安瓿管上端代用)。

4.4.4　实验步骤

取分别装有葡萄糖、乳糖和蔗糖的发酵培养液试管 4 支,并分别标记,每种糖发酵试管中,分别标记 E.coli 级产气杆菌、普通变形杆菌和空白对照。

1. 接种培养

以无菌操作分别接种少量的菌苔至以上各相应试管中,每种糖发酵培养液的空白对照均不接菌。将装有培养液的杜氏小管(或用安瓿管上端代用)倒置于试管的培养液中,置 37 ℃恒温箱中培养,分别在培养 24 h、48 h 和 72 h 观察结果。

2. 观察记录

与对照管比较,若接种液保持原有颜色,其反应结果为阴性,表明该菌不利用该种糖,记录用"－"表示;如培养液呈黄色,反应结果为阳性,表明该菌能分解该种糖产酸,记录用"＋"表示;培养液中的小管内有气泡为阳性反应,表明该菌分解糖能产酸并产气,记录用"＋"表示;如小管内没有气泡为阴性反应,记录用"－"表示。

4.4.5　注意事项

在糖发酵实验的培养液管中装入倒置杜氏小管时,要防止小管内有残留气泡。灭菌时适当延长煮沸时间可除去管内气泡。

4.4.6　实验结果

将细菌对糖发酵实验结果填入下表("①"表示产酸产气;"＋"表示产酸不产气;"－"表示不产酸、不产气)。

	E. coli	变形杆菌	伤寒杆菌	对照
葡萄糖				
乳糖				

4.5　乙醇、乳酸、丁酸发酵实验

4.5.1　乙醇发酵实验

1.实验目的

了解乙醇发酵的原理,学习发酵实验方法。

2.实验原理

在厌氧条件下,酵母菌分解己糖产生乙醇并放出 CO_2 的过程称为乙醇发酵。这一作用是由兼性厌氧性的酵母菌细胞中乙醇发酵酶系统进行无氧呼吸产生大量乙醇的缘故。此原理是酿酒工业生产乙醇及酿制酒类饮料的基础。

3.实验器材

(1)菌种

在麦芽汁琼脂培养基上培养 3 d 的啤酒酵母(Saccharomyces cerevisiae)。

(2)试剂和器材

乙醇发酵培养液,艾氏发酵管,10% H_2SO_4,10 g/L $K_2Cr_2O_7$,150 g/L NaOH溶液,路哥氏碘液,试管,10 mL 刻度吸管,载玻片,接种环,酒精灯,挂线标签,显微镜。

4.实验步骤

(1)发酵液准备

取灭菌的艾氏发酵管 1 支(见图 4-7),按无菌操作法倒入灭菌的乙醇发酵液,使发酵液充满管部并赶走气泡,液量加至下端球部的 1/4 处,塞好棉塞,备用。

(2)接种

用接种环接入啤酒酵母菌数环(要求多量),接种时,以接种环放至发酵管壁充分研磨使细胞分散,轻轻振荡,使之混匀。用挂线标签标记后悬于发酵管上。

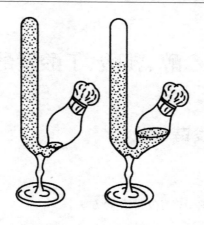

（a）发酵前　（b）发酵后（产气）

图 4-7　乙醇发酵（艾氏发酵管）

（3）培养

置发酵管于 28 ℃下培养 24～48 h,观察结果。

5.实验结果

（1）打开发酵液棉塞,嗅闻有无酒香味产生,记录之。

（2）记录发酵液管顶部气体容积,然后用吸管酌情吸出球部发酵液少许弃去,并向管内加入与发酵液等量的 150 g/L NaOH 溶液,轻轻摇动,使管内 CO_2 气体渐被碱液吸收,发酵液面逐渐上升,即证明有 CO_2 产生。其原理是

$$CO_2 + NaOH \longrightarrow NaHCO_3$$

（3）取发酵液制成水浸片,检验酵母细胞形态及出芽生殖现象。

4.5.2　乳酸发酵实验

1.实验目的

了解乳酸发酵作用的原理及其应用,学习乳酸发酵实验的方法,并观察乳酸细菌的细胞形态。

2.实验原理

在厌氧条件下,微生物分解己糖产生乳酸的过程称为乳酸发酵。引起乳酸发

酵的微生物种类很多。在实践中应用的主要是各种乳酸细菌,常见的有乳酸链球菌(Streptococcus lactis)、乳酸杆菌(Lactobacillaceae)等。

乳酸发酵累积的乳酸,使环境的 pH 降低,从而抑制了腐败细菌的生长。保存食物或家畜饲料以及制造酸奶等,都是乳酸发酵原理在人们生活和生产实践中的应用。

3.实验器材

(1)发酵原料

萝卜、甘蓝或其他含糖分多的蔬菜。

(2)试剂和器材

食盐,发酵栓,三角瓶,量筒,10 mL 吸管,小刀,菜板,pH 试纸,白色反应盘,托盘天平,喉头喷雾器,吹风机,玻璃毛细管,大头针,新华一号滤纸(4 cm ×15 cm),正丁醇,苯甲酸,0.04%溴酚蓝乙醇溶液,10% H_2SO_4,20 g/L $KMnO_4$,2%乳酸溶液,含氨硝酸银溶液,革兰氏染色液,显微镜等。

4.实验步骤

(1)发酵装置

量取自来水 100 mL,称取食盐 6~8 g,放入 150 mL 三角瓶中,萝卜或甘蓝洗净、切块,投入三角瓶中约至瓶高 2/3 处,摇匀后,用 pH 试纸测试溶液 pH,记录之。于三角瓶口加发酵栓塞紧,发酵栓侧管盛水至淹没内层小管口,以隔绝空气、创造厌氧环境(见图 4-8)。

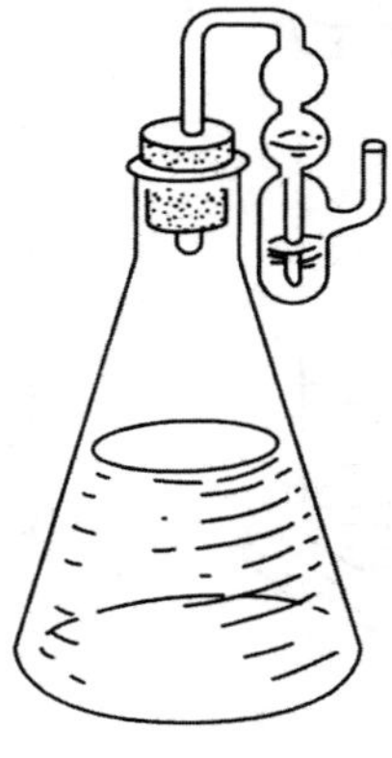

图 4-8　乳酸发酵装置

（2）保温培养

挂上标签，置发酵瓶于 28 ℃下培养一周后，检查发酵结果。

（3）结果检查

①发酵液酸度检查

打开发酵栓，先嗅闻瓶内有无酸气味散出，再以试纸测定 pH，记录之。

②乳酸定性检查

·高锰酸钾反应法。取发酵液 10 mL 放入试管中，加 10％硫酸 1 mL，煮沸后再加入 20 g/L 的高锰酸钾溶液数滴，取滤纸一条在含氨的硝酸银溶液中浸湿后盖住管口，继续加热使有气体产生。若滤纸变黑，即证明有乳酸生成。其反应式如下：

$$2KMnO_4 + 3H_2SO_4 \longrightarrow K_2SO_4 + 2MnSO_4 + 3H_2O + 5[O]$$

$$CH3CHOHCOOH + [O] \longrightarrow CH_3CHO + CO_2 + H_2O$$

$$CH_3CHO + 2Ag(NH_3)_2OH \longrightarrow CH_3COONH_4 + 2Ag \downarrow + 2H_2O + 3NH_3$$

·纸层析法。

点样：用新华一号滤纸，裁成 4 cm×（5～18）cm 纸条。在滤纸下方 3 cm 处用铅笔画一直线，按图 4-9（b）标出样品点 a 与对照点 b（两点间距离约 2 cm）。取粗细近似的毛细管两根，一根取 2％乳酸液点在对照点 b 上，每点一次用吹风机冷风吹干，连续点 3 次，每次点样直径为 0.3 cm 左右。另一根毛细管取发酵液点在样品点 a 上，同法连续点 3 次。

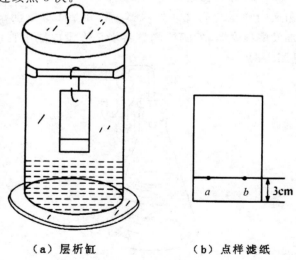

（a）层析缸　　　　　（b）点样滤纸

图 4-9　纸层析法

展层:将点好样品的滤纸按如图 4-9(a)所示放入装有展开剂的层析缸中饱和 4 h(注意不要使滤纸沾上展开剂),然后开始层析,即滤纸下端浸入展开剂约 1.5 cm(注意样点不能浸入展开剂),在室温下展开,展开距离 10~12 cm,待溶剂走至距滤纸顶端约 2 cm 处时取出。

展开剂:水:苯甲醇:正丁醇＝1:5:5 的量混合后,加入 1% 的甲酸,充分混合。

滤纸干燥:取出滤纸,用吹风机冷风吹干滤纸至无甲酸气味。

显色:用大头针将吹干的滤纸条钉在木板上,用喉头喷雾器将 0.04% 的溴酚蓝乙醇溶液(喷前用 0.1 mol/L 的 NaOH 溶液调至微碱性)喷在纸条上,观察样品上行是否有黄色斑点,并与对照点比较产生黄色斑点的位置,用铅笔画好,根据 Rf 值可确定是否为乳酸。

Rf 值的计算法:

$$Rf = \frac{原点到层析点中心距离}{原点到溶剂前沿距离}$$

在本实验条件下,按同样方法应用标准乳酸点样 2 点或 3 点,求其 Rf 平均值,以进行对比。

·镜检取发酵液涂片,革兰氏染色,镜检,观察乳酸杆菌、乳酸链球菌的形态特征。

5. 实验结果

(1)记录乳酸发酵作用实验结果,发酵液 pH 的变化,高锰酸钾反应,纸层析结果。

(2)图示镜检的乳酸细菌形态特征及革兰氏染色反应。

4.5.3　丁酸发酵实验

1. 实验目的

了解丁酸发酵作用的原理,观察丁酸细菌的形态特征。

2. 实验原理

在厌氧条件下,微生物分解糖产生丁酸的过程称为丁酸发酵。在自然界中该过程广泛存在。例如,纤维素、半纤维素、淀粉、果胶物质及简单糖类,在不通气条件下都能进行丁酸类型的发酵。引起发酵的主要微生物是专性厌氧性的丁酸细菌（Clostridum butyricum），它生存于植物体表、土壤、污水及污泥中。

3. 实验器材

（1）发酵原料

马铃薯。

（2）试剂和器材

150 mL 三角瓶，发酵栓，小刀，菜板，$CaCO_3$，路哥氏碘液，石炭酸复红液，盖玻片，载玻片，试管，试管夹，挂线标签，托盘天平，5％$FeCl_3$ 溶液，0.03％甲基红/硼酸钠溶液，新华一号滤纸（4 cm×15 cm），层析缸，丁酸，正丁醇，浓氨水，酒精灯，接种环，显微镜。

4. 实验步骤

（1）发酵装置

洗净马铃薯，称取 30～40 g，切块，装入 150 mL 三角瓶中，加入 $CaCO_3$ 一小匙（约 0.5 g），然后加自来水至瓶高 2/3 处。置三角瓶于水浴锅中，在 75～80 ℃加热处理 10 min，冷却。三角瓶口加发酵栓塞紧，发酵栓侧管盛水至淹没内层小玻璃管口，构成厌氧装置，以隔绝氧气进入瓶内。

（2）保温、培养

挂上标签，置发酵瓶于 28 ℃下培养 3～4 d，检查发酵结果。

（3）结果检查

①气味检查

打开发酵栓，用手在瓶口轻轻扇动，嗅闻是否有丁酸的恶臭气味，并注意瓶内有大量气泡生成，此即丁酸发酵现象。

②丁酸定性检查

·三氯化铁反应法。取发酵液 5 mL 于一空试管中，加入 5％$FeCl_3$ 2 mL，用试管夹夹住，在酒精灯上加热，即有褐色的丁酸铁出现，证明有丁酸存在。其反应式如下：

$$3CH_3CH_2CH_2COOH＋FeCl_3 \longrightarrow Fe(CH_3CH_2CH_2COO)_3 \downarrow ＋3HCl$$

·丁酸乙酯反应法。取发酵酸 5 mL 于空试管中，加入 0.5 mL 乙醇，再加 2 mL 浓 H_2SO_4，摇匀，用试管夹夹住，置灯焰上加热。待冒气后，嗅闻气味呈凤梨香味，即生成了丁酸乙酯。

· 纸层析法。操作法同乳酸发酵实验。

展开剂：正丁醇：浓氨水：水＝16：3：2。

显色剂：0.03％甲基红/硼酸钠水溶液，pH＝8.0。

显色时，观察样品上行是否有红色斑点，与对照点比较产生红色斑点的位置，用铅笔画好，根据 Rf 值，确定是否是丁酸。

同法，用丁酸做标样，测定本实验条件下丁酸的 Rf 值，以进行对比。

③镜检

取发酵液涂片，简单染色，油镜下观察丁酸细菌的细胞形态及芽孢位置。另取发酵液1～2环于载玻片上，加碘液一滴，盖上盖玻片，观察细菌细胞内有无蓝色颗粒物出现，即检查淀粉有无，以证明丁酸细菌的存在。

5.实验结果

(1)记录实验结果。

(2)图示镜检的丁酸细菌细胞形态特征。

第5章　微生物学基础性实验

　　基础性实验包括微生物学实验的基本技能训练,是微生物学这门课程中最基本、最能代表学科特点的实验方法和技术。通过本章的实验使学生掌握微生物学学科的基本技能,为综合性实验奠定基础。本章主要探讨实验室环境和人体表面微生物的检查、微生物大小测定及显微镜直接计数法、培养基的配制、微生物的诱变育种,以及酵母菌单倍体原生质体融合。

5.1　实验室环境和人体表面微生物的检查

5.1.1　实验目的

(1)比较来自不同场所与不同条件下细菌的数量与类型。
(2)证实实验室环境与人体表面存在微生物。
(3)体会无菌操作的重要性。
(4)了解微生物接种培养的常用方法。
(5)观察不同类群微生物的菌落形态特征。

5.1.2　实验原理

　　微生物分布广泛,它们无孔不入、无处不在。在我们的周围存在许多看不见摸不着的微生物,如何使"看不见"变得"看得见"呢? 本实验通过培养的方法使肉眼看不见的单个菌体在固体培养基上生长繁殖形成肉眼可见的具有一定形态的菌落。以实验室环境和人体表面微生物的检查为切入点,提高学生对微生物的感性认识,牢固树立"无菌操作"观念,便于初学者掌握一套无菌操作技术。所谓无菌操作是指除了使用的容器、用具和培养基必须进行严格的灭菌处理外,还要通过一定技术来保证目的微生物在转移过程中不被环境中的微生物污染,这些技术包括用接种环(针)、吸管等工具进行接种、稀释、涂片、计数和划线分离等。

自然界中细菌、放线菌、酵母菌和霉菌四大类群微生物都可能存在。用高氏Ⅰ号培养基可以培养放线菌,用蔡氏培养基可培养真菌,本实验选用牛肉膏蛋白胨培养基重点培养细菌。

将营养琼脂平板接种后于 37 ℃ 倒置培养 18~24 h,可形成菌落或菌苔。菌落的形态描述可从菌落的大小、表面光滑或粗糙、干燥或湿润、隆起或扁平、边缘整齐或呈锯齿状、菌落透明或不透明、颜色以及质地均匀与否、疏松或紧密等特征着手,进行菌落计数和类型统计,以证实实验室环境与人体表面存在微生物。

5.1.3　实验器材

1.培养基

牛肉膏蛋白胨培养基(营养琼脂平板)。

2.实验仪器

无菌水、灭菌棉签、接种环(针)、记号笔、试管架、酒精灯和废物缸等。

5.1.4　实验步骤

1.标记

分别在已灭菌的平板底部边缘写上小组的组号、日期、待接种的样品名(如实验台面、接种室、指甲垢等),为了不影响观察,字体书写不要太大,可用符号或数字代表。注意:不能在皿盖上做标记,以免在同时观察多个平板时盖错皿盖。

2.倒平板

将灭菌的营养琼脂培养基冷却到 50 ℃ 左右(以用手摸不烫手为准),在酒精灯旁以无菌操作倒平板,冷却后备用。

3.实验室环境的检查

(1)空气中微生物的监测。用自然沉降法,将标有"空气 1"的平板在大实验室

（人流量大，空气流动）内打开皿盖，使平板表面完全暴露在空气中，各小组摆放位置呈五点分区；将另一个标为"空气2"的平板放在经紫外灯照射杀菌的接种室中，同法打开皿盖暴露平板，30 min后盖上2个皿盖。

（2）取出灭菌湿棉签，在实验台面擦拭2 cm^{2}的范围，然后将棉签从平板的开启处伸进平板表面进行滚动接种，立即盖回皿盖。同法将擦拭了门把的棉签滚动接种。

4. 人体表面微生物的检查

（1）头发或头皮屑

取1~2根头发轻轻放在平板上，迅速盖上皿盖；或打开皿盖，在平板上方轻轻拍头发，将头屑震落到平板上，迅速盖上皿盖。

（2）指甲垢

灼烧灭菌的接种环轻轻刮指甲垢，迅速打开皿盖进行平板划线接种。

（3）洗手前后的手部微生物检查

同一位同学进行洗手前后的手部微生物培养才具有可比性。洗手前，用右手食指在平板上划线接种。按一定方法洗手后同样用右手食指划线接种。

不同小组的洗手方式可如表5-1设计，以考察不同牌子的洗手液或肥皂，比较在不同的干手方式下去除微生物的效果。

表5-1 不同洗手液不同干手方式去除微生物的效果比较

干手方式 ╲ 洗手液	威露士洗手液	立白洗手液	舒肤佳香皂	雕牌肥皂	上海硫黄皂
自然干					
烘手机烘干					
乙醇棉球擦拭后挥发干					

5. 培养

将所有的营养琼脂平板翻转，置于37 ℃生化培养箱中倒置培养24 h，观察结果。

5.1.5 注意事项

（1）要牢牢树立"无菌操作"的观念，倒平板、接种等操作一定要在酒精灯旁进行。烧环要用酒精灯的外焰。

（2）标记的字体不能太大。应尽可能用少和小的记号标记平板以免影响观察。切记标记要写在平板的底部，以免多个平板同时观察时混淆皿盖。

5.1.6　实验结果

本实验所接种的样品很可能含有四大类群的微生物，甚至有病毒。营养琼脂培养基含有牛肉膏蛋白胨等丰富的营养，在本实验条件下（营养琼脂平板，37 ℃）培养出来的主要是细菌的菌落。注意细菌菌落特征的描述。

琼脂用作凝固剂，其优点有：性质稳定，微生物基本不利用，熔点较高（96 ℃），凝固点为 40～45 ℃，透明度好，能为微生物提供一个营养表面，易于形成单菌落。但琼脂也有缺点，它会产生水蒸气，水蒸气遇冷形成水滴，故培养时平皿要倒置，可避免水滴滴在菌落表面影响观察。

将实验结果记录于表 5-2。

表 5-2　不同样品来源菌落特征记录表

样品来源	菌落计数	菌落类型	特征描写						
			大小	形态	干湿	扁/隆	透明度	颜色	边缘
大实验室空气（30 min）									
接种室空气（不流动空气 30 min）									
实验台面									
门把									
头发（或头皮屑）									
指甲垢									
洗手前手部									
洗手后手部									

5.2　微生物大小测定及显微镜直接计数法

5.2.1　微生物大小测定

1. 实验目的

掌握用显微测微尺测量微生物大小的基本方法。

2. 实验原理

微生物细胞大小，是微生物形态特征之一，也是分类鉴定的依据之一。由于菌体很小，只能在显微镜下测量。用来测量微生物细胞大小的工具有镜台测微尺（见图 5-1）和目镜测微尺（见图 5-2）。

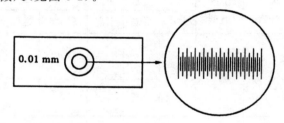

图 5-1　镜台测微尺（左）及其放大部分（右）

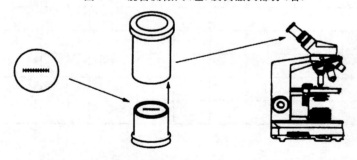

（a）目镜测微尺　（b）旋开接目镜透镜，放入目镜测微尺　（c）将接目镜插回镜筒

图 5-2　目镜测微尺

镜台测微尺是中央部分刻有精确等分线的载玻片。一般将 1 mm 等分为 100 格（或 2 mm 等分为 200 格），每格长度等于 0.01 mm（即 10 μm）。是专用于校正目镜测微尺每格长度的。

目镜测微尺[见图 5-2(a)]是一块可放在显微镜接目镜内的隔板上的圆形小玻片，其中央刻有精确的刻度，有等分 50 小格或 100 小格两种，每 5 小格间有一长线相隔。由于所用接目镜放大倍数和接物镜放大倍数的不同，目镜测微尺每小格所代表的实际长度也就不同，因此，目镜测微尺不能直接用来测量微生物的大小，在使用前必须用镜台测微尺进行校正，以求得在一定放大倍数的接目镜和接物镜下该目镜测微尺每小格的相对值，然后才可用来测量微生物的大小。

3. 实验器材

显微镜，目镜测微尺，镜台测微尺，双层瓶，擦镜纸；枯草芽孢杆菌、金黄色葡萄球菌和啤酒酵母菌的染色玻片标本。

4. 实验步骤

(1)目镜测微尺的标定

①放置目镜测微尺

取出显微镜接目镜，旋开接目镜透镜，将目镜测微尺的刻度朝下放在接目镜筒内的隔板上[见图 5-2(b)]，然后旋上接目透镜，最后将此接目镜插入镜筒内[见图 5-2(C)]。

②放置镜台测微尺

将镜台测微尺置于显微镜的载物台上，使刻度面朝上。

③校正目镜测微尺

先用低倍镜观察，对准焦距，当看清镜台测微尺后，旋转接目镜，使目镜测微尺的刻度与镜台测微尺的刻度平行，移动推动器，使目镜测微尺和镜台测微尺的某一区间的两对刻度线完全重合，然后计算出两对重合线之间各自所占的格数（见图 5-3）。

根据计数得到的目镜测微尺和镜台测微尺重合线之间各自所占的格数，通过如下公式换算出目镜测微尺每小格所代表的实际长度。

$$目镜测微尺每小格长度(\mu m) = \frac{两对重合线间镜台测微尺格数 \times 10}{两对重合线间目镜测微尺格数}$$

例如，目镜测微尺 20 小格等于镜台测微尺 3 小格（见图 5-3），已知镜台测微尺每格为 10 μm,则 3 小格的长度为 $3\times10=30$ μm,那么相应地在目镜测微尺上每格长度为:$3\times10/20=1.5(\mu m)$。

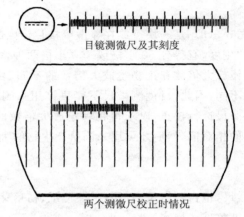

目镜测微尺及其刻度

两个测微尺校正时情况

图 5-3　目镜测微尺与镜台测微尺校正时情况

以同样方法,分别在不同放大倍数的物镜下测定目镜测微尺每格代表的实际长度。

如此测定的测微尺的长度,仅适用于测定时使用的显微镜和目镜、物镜的放大倍率,若更换目镜、物镜和放大倍率时,必须重新进行校正标定。

(2)菌体大小的测定

目镜测微尺校正后,移去镜台测微尺,换上枯草芽孢杆菌染色玻片标本,调节焦距使菌体清晰,转动目镜测微尺(或转动染色标本),测出枯草芽孢杆菌的长和宽各占几小格,将测得的格数乘以目镜测微尺每小格所代表的长度,即可换算出此单个菌体的大小值,在同一涂片上需测定 10~20 个菌体,求出其平均值,才能代表该菌的大小。而且一般是用对数生长期的菌体来进行测定。

同样方法测量金黄色葡萄球菌的直径及啤酒酵母的长和宽。

(3)取出目镜测微尺

将接目镜放回镜筒,再将目镜测微尺和镜台测微尺分别用擦镜纸擦拭后,放回盒内保存。

5. 实验结果

(1)将目镜测微尺校正结果填入表 5-3 中。

表 5-3　目镜测微尺校正结果

目镜倍数	物镜倍数	目镜测微尺格数	镜台测微尺格数	目镜测微尺每格代表的长度/μm

(2)将在高倍镜下测量的菌体大小填入表 5-4 中。

表 5-4　高倍镜下菌体测量结果

固体编号	长		宽		菌体大小（平均值）长×宽/μm
	目镜测微尺格数	菌体长度/μm	目镜测微尺格数	菌体宽度/μm	
1					
2					
3					
4					
5					
6					
7					
8					
9					
10					

5.2.2　显微镜直接计数法

1.实验目的

(1)明确血细胞计数板的计数原理。

(2)掌握使用血细胞计数板进行微生物计数的方法。

2.实验原理

显微镜直接计数法是将少量待测样品的悬浮液置于一种特别的具有确定面积

和容积的载玻片上(又称计菌器),于显微镜下直接计数的一种简便、快速、直观的方法。常用的细胞计数器有血细胞计数板、Peteroff-Hauser 计菌器以及 Hawksley 计菌器等,都可用于酵母菌、细菌、霉菌孢子等悬液的计数,基本原理相同。后两种计菌器由于盖上玻片后,总体积为 0.02 mm³,而且盖玻片和载玻片之间的距离只有 0.02 mm,因此可用油浸物镜对细菌等较小的细胞进行观察和计算。这两种计菌器的使用方法可参看各厂的使用说明书。除了用这些计菌器外,还有在显微镜下直接观察涂片面积与视野面积之比的估算法,一般用于牛乳的细菌学检查。显微镜直接计数法的优点是直观、快速、操作简单,但缺点是所测的结果是死菌体和活菌体的总和。

　　本次实验以血细胞计数板为例进行显微镜直接计数。该计数板是一块特制的载玻片,其上由 4 条槽构成 3 个平台。中间较宽的平台又被一短横槽隔成两半,每一边平台上各有一个方格网,每个方格网共分为 9 个大方格,中间的大方格即为计数室。计数室的刻度有两种规格:一种是大方格分成 25 个中方格,每个中方格又分成 16 个小方格;另一种是一个大方格分成 16 个中方格,而每个中方格又分成 25 个小方格。但无论哪一种规格的计数板,每个大方格中的小方格都是 400 个。每个大方格体积都是 0.1 mm³(见图 5-4)。计数时,通常是数 5 个或 4 个中方格的总菌数,然后求得每个中方格的平均值,再乘以 25 或 16,就得出一个大方格中的总菌数,然后再换算成 1 mL 菌液中的总菌数。

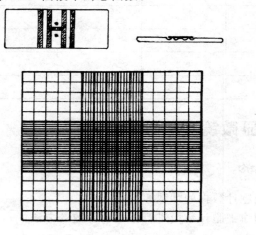

图 5-4　血细胞计数板

3. 实验器材

（1）菌种

酿酒酵母菌或市售干酵母粉。

（2）仪器与用品

血细胞计数板、显微镜、盖玻片、无菌毛细滴管等。

4. 实验步骤

（1）制备菌液

以无菌生理盐水将酿酒酵母菌制成浓度适宜的菌悬液，或用温开水将市售干酵母粉制成一定浓度的菌悬液。

（2）镜检计数室

在加样前，先对计数板进行清洗镜检确定无污物和菌体后，用滤纸或卫生纸轻轻擦干或用电吹风吹干后才能加样计数。

（3）加样

将清洁干燥的血细胞计数板盖上盖玻片，再用毛细滴管或小滴管将摇匀的菌悬液由盖玻片边缘加样，让菌液沿缝隙靠毛细渗透作用自由渗入计数室。如果加的菌液过多，在边缘的槽沟中发现有菌液时，就应该立即用滤纸将其吸出，否则会影响计数的结果。注意，取样时要摇匀菌液，加样时计数室内不可有气泡。

（4）显微镜计数

加样后静止一会，然后将计数板置于显微镜的载物台上，先用低倍镜找到计数室所在位置，然后换成高倍镜进行计数。计数时要注意调节光线的强弱，可通过调节电压强弱和聚光器高低，以既可看清菌体又可看清方格的线条为宜。

在计数前若发现菌液太浓或太稀，需要重新调节稀释度后再计数。一般样品稀释度要求每小格内有 5～10 个菌体为宜。对于位于线上的菌体计数时，一般是计上不计下，计左不计右。如遇酵母出芽时，芽的大小达不到母细胞一半的不计数。

（5）血细胞计数板的清洗

使用完毕后，要将计数板在水龙头上用水冲洗干净，切勿用硬物洗刷，洗完后自行晾干或用吸水纸吸干或用吹风机吹干，放置盒中。

5.实验结果

将结果记录于下表中。

计数次数	每一格中的菌数					5 个或 4 个中格的总菌数	平均数	计数室的总菌数	1 mL 菌液中的总菌数
	1	2	3	4	5				
第一次									
第二次									

5.3 培养基的配制

5.3.1 培养基的配置原则

培养基是按照微生物生长繁殖或积累代谢产物所需要的各种营养物质,用人工的方法配制而成的营养基质。它是进行微生物教学、科研和发酵生产的基础。不同微生物其细胞组成成分不同,所需的营养基质不同;培养微生物的目的不同,营养物质的来源不同,对培养基的配制要求也不同。

培养基的配制原则如下。

1.根据微生物的营养需要配制不同的培养基

微生物种类繁多,其所需营养也各不相同。如自养微生物具有较强的合成能力,能把简单的无机物合成本身需要的有机物,培养这种微生物的培养基可以由简单的无机物质组成;而对于异养微生物,合成能力较弱,培养它们的培养基中至少需要含有一种有机物质。微生物四大类群中,细菌一般采用牛肉膏蛋白胨培养基;放线菌用高氏Ⅰ号合成培养基;酵母菌多用麦芽汁培养基;霉菌用查氏合成培养基。如果培养特殊微生物,还需要另外加入生长因子。

2.注意各营养物质的浓度与配比

微生物只有在其所需营养物质浓度合适时才能良好地生长或代谢。在培养基中,碳源和氮源之比,无机盐离子浓度的高低,甚至在同一培养基中多种氮源的比例,都可能影响微生物代谢、激活或抑制其生长繁殖。其中以培养基中的碳氮比(C/N)的影响更为明显。例如在微生物的谷氨酸发酵中,培养基中的 C/N 为 4∶1时,菌体大量繁殖,谷氨酸积累少,当 C/N 为 3∶1 时,菌体繁殖受到抑制,而谷氨酸大量积累。

3. 调节适宜的 pH

微生物的代谢一般是在一定的酸碱条件下才能进行,不适宜的 pH 会影响菌体的代谢,进而影响或抑制微生物的生长繁殖。各类微生物生长的最适 pH 不尽相同,一般细菌与放线菌生长的 pH 在中性和微碱性之间(pH 在 7.0～7.5),酵母菌和霉菌生长的 pH 通常偏酸(pH 在 4.5～6.0)。有些微生物在生长和代谢过程中,由于营养物质的利用和代谢产物的形成,会改变体系的 pH,为了维持培养基pH 相对恒定,可在培养基中加入一些缓冲剂或不溶性的碳酸盐,如培养乳酸菌时,常常加入碳酸钙来中和代谢所产生的酸。

4. 选价廉、易获得的原料作为培养基的成分

特别是在工业发酵中,培养基用量很大,更应该考虑到这一点,以便降低生产成本。

5.3.2　培养基的类型

培养基的种类繁多,因考虑的角度不同,可将培养基分成以下一些类型。

1. 根据培养基原料来源不同分类

(1)天然培养基

天然培养基是指一类利用动植物或微生物体及其提取物制成的培养基,这是一类营养成分既复杂又丰富、难以说出其确切化学组成的培养基,如牛肉膏蛋白胨培养基。天然培养基的优点是营养丰富、种类多样、配制方便、价格低廉;缺点是化学成分不清楚、不稳定。因此,这类培养基只适用于一般实验室中的菌种培养、发酵工业中生产菌种的培养和某些发酵产物的生产等。

常见的天然培养基成分有:麦芽汁、肉浸汁、鱼粉、麸皮、玉米粉、花生饼粉、玉米浆及马铃薯等。实验室中常用的有牛肉膏、蛋白胨及酵母膏等。

（2）合成培养基

合成培养基又称组合培养基或综合培养基，是一类按微生物的营养要求精确设计后用多种高纯化学试剂配制成的培养基，如高氏Ⅰ号培养基、查氏培养基等。合成培养基的优点是成分精确、重复性高；缺点是价格较贵，配制麻烦，且微生物生长比较一般。因此，通常仅适用于营养、代谢、生理、生化、遗传、育种、菌种鉴定或生物测定等对定量要求较高的研究工作中。

（3）半合成培养基

半合成培养基又称半组合培养基，指一类主要以化学试剂配制为主，同时还加有某种或某些天然成分的培养基，如培养真菌的马铃薯蔗糖培养基等。严格地讲，凡含有未经特殊处理的琼脂的任何合成培养基，实质上都是一种半合成培养基。半合成培养基特点是配制方便、成本低、微生物生长良好。发酵生产和实验室中应用的大多数培养基都属于半合成培养基。

2. 根据培养基的物理状态不同分类

（1）液体培养基

呈液体状态的培养基为液体培养基。广泛用于微生物学实验和生产，在实验室中主要用于微生物的生理和代谢研究，以及获取大量菌体，在发酵生产中绝大多数发酵都采用液体培养基。

（2）固体培养基

呈固体状态的培养基都称为固体培养基。固体培养基中有加入凝固剂后制成的，如加入 2％琼脂、5％～12％明胶和硅胶等凝固剂，其中琼脂最为优良；有直接用天然固体状物质制成的，如培养真菌用的麸皮、大米、玉米粉和马铃薯块培养基；还有在营养基质上覆上滤纸或滤膜等制成的，如用于分离纤维素分解菌的滤纸条培养基。

固体培养基在科学研究和生产实践中具有很多用途，如用于菌种分离、鉴定、菌落计数、检测杂菌、育种、菌种保藏、抗生素等生物活性物质的效价测定及获取真菌孢子等。在食用菌栽培和发酵工业中也常使用固体培养基。

（3）半固体培养基

半固体培养基是指在液体培养基中加入少量凝固剂（如 0.2％～0.5％的琼脂）而制成的半固体状态的培养基。半固体培养基有许多特殊的用途。例如，可以通过穿刺培养观察细菌的运动能力，进行厌氧菌的培养及菌种保藏等。

3. 根据培养基用途不同分类

（1）选择性培养基

一类根据某微生物的特殊营养要求或其对某些物理、化学因素的抗性而设计的培养基，具有使混合菌样中的劣势菌变成优势菌的功能，广泛用于菌种筛选等领域。

混合菌样中数量很少的某种微生物，如直接采用平板划线或稀释法进行分离，往往因为数量少而无法获得。选择性培养的方法主要有两种，一是利用待分离的微生物对某种营养物的特殊需求而设计的。例如，以纤维素为唯一碳源的培养基可用于分离纤维素分解菌；用液状石蜡来富集分解石油的微生物；用较浓的糖液来富集酵母菌等。二是利用待分离的微生物对某些物理和化学因素具有抗性而设计的。例如，分离放线菌时，在培养基中加入数滴 10% 的苯酚，可以抑制霉菌和细菌的生长；在分离酵母菌和霉菌的培养基中，添加青霉素、四环素和链霉素等抗生素可以抑制细菌和放线菌的生长；结晶紫可以抑制革兰氏阳性菌，培养基中加入结晶紫后，能选择性地培养 G^- 菌；7.5% NaCl 可以抑制大多数细菌，但不抑制葡萄球菌，从而选择培养葡萄球菌；德巴利酵母属中的许多种酵母菌和酱油中的酵母菌能耐高浓度（18%～20%）的食盐，而其他酵母菌只能耐受 3%～11% 浓度的食盐，所以，在培养基中加入 15%～20% 浓度的食盐，即构成耐食盐酵母菌的选择性培养基。马丁氏培养基中加入的孟加拉红和链霉素主要是细菌和放线菌的抑制剂，对真菌无抑制作用，因而真菌在这种培养基上可以得到优势生长，从而达到分离真菌的目的。

（2）鉴别培养基

一类在成分中加有能与目的菌的无色代谢产物发生显色反应的指示剂，从而达到只需用肉眼辨别颜色就能方便地从近似菌落中找到目的菌落的培养基。最常见的鉴别培养基是伊红亚甲蓝乳糖培养基，即 EMB 培养基。

它在饮用水、牛奶的大肠菌群数等细菌学检查和在 E. coli 的遗传学研究工作中有着重要的用途。EMB 培养基中的伊红和亚甲蓝两种苯胺染料可抑制 G^+ 菌和一些难培养的 G^- 菌。在低酸度下，这两种染料会结合并形成沉淀，起着产酸指示剂的作用。因此，试样中多种肠道细菌会在 EMB 培养基平板上产生易于用肉眼识别的多种特征性菌落，尤其是大肠杆菌，因其能强烈分解乳糖而产生大量混合酸，菌体表面带 H^+，故可染上酸性染料伊红，又因伊红与亚甲蓝结合，故使菌落染上深紫色，且从菌落表面的反射光中还可看到绿色金属闪光，其他几种产酸力弱的肠道菌的菌落也有相应的棕色。

属于鉴别培养基的还有：明胶培养基可以检查微生物能否液化明胶；乙酸铅培养基可用来检查微生物能否产生 H_2S 气体等。

选择性培养基与鉴别培养基的功能往往结合在同一种培养基中。例如，上述 EMB 培养基既有鉴别不同肠道菌的作用，又有抑制 G^+ 菌和选择性培养 G^- 菌的作用。

（3）种子培养基

种子培养基是为了保证在生长中能获得优质孢子或营养细胞的培养基。一般要求氮源、维生素丰富，原料要精。同时应尽量考虑各种营养成分的特性，使 pH 在培养过程中能稳定在适当的范围内，以利于菌种的正常生长和发育。有时，还需加入使菌种能适应发酵条件的基质。菌种的质量关系到发酵生产的成败，所以种子培养基的质量非常重要。

（4）发酵培养基

发酵培养基是生产中用于供菌种生长繁殖并积累发酵产品的培养基。一般数量较大，配料较粗。发酵培养基中碳源含量往往高于种子培养基。若产物含氮量高，则应增加氮源。在大规模生产时，原料应来源充足，成本低廉，还应有利于下游的分离提取。

5.3.3　牛肉膏蛋白胨培养基的制备

1. 实验目的

（1）明确培养基的配制原则。

（2）掌握配制培养基的一般方法和步骤。

2. 实验原理

牛肉膏蛋白胨培养基是一种应用最广泛和最普通的细菌基础培养基，又称为普通培养基。它含有牛肉膏、蛋白胨和 NaCl。其中牛肉膏为微生物提供碳源和能源，蛋白胨主要提供氮源，而 NaCl 提供无机盐。在配制固体培养基时还要加入一定量的琼脂作为凝固剂，琼脂的用量一般为 1.5％～2.0％。由于这种培养基多用于培养细菌，因此，要用稀酸或稀碱将其 pH 调至中性或微碱性，以利于细菌的生长繁殖。牛肉膏蛋白胨培养基的配方：

牛肉膏	3.0 g
蛋白胨	10 g
NaCl	5.0 g
琼脂	15～20 g
水	1000 mL
pH	7.0～7.2

3. 实验器材

高压蒸汽灭菌锅,电炉,天平,牛角匙,搪瓷缸,称量纸,pH 试纸,棉塞,牛皮纸,线绳,记号笔;

小烧杯,量筒,玻璃棒,培养基分装装置,试管,三角瓶,滴管;牛肉膏,蛋白胨,NaCl,琼脂,1 mol/L NaOH 溶液,1 mol/L HCl。

4. 实验步骤

(1)称量

在搪瓷缸中先加入少于所需要的水量,再按培养基配方比例依次准确地称取牛肉膏、蛋白胨和 NaCl 放入搪瓷缸中。牛肉膏常用玻璃棒挑取,放在小烧杯中称量,用热水溶化后倒入搪瓷缸。也可放在称量纸上,称量后直接放入水中,稍微加热,牛肉膏便会与称量纸分离,然后立即取出纸片。蛋白胨很易吸潮,在称取时动作要迅速。另外,称药品时严防药品混杂,一把牛角匙用于一种药品,或称取一种药品后,洗净、擦干,再称取另一种药品。药品瓶盖也不要盖错。

(2)溶化

将上述搪瓷缸放在电炉上加热,并不断搅拌,使药品完全溶解。待水煮沸后。将称好的琼脂放入,继续加热,用玻璃棒不断搅拌,以免糊底。在加热过程中注意控制火势,防止培养基溢出。最后补足水分到需要的总体积。

(3)调 pH

先用 pH 试纸测量培养基的原始 pH,如果 pH 偏酸,用滴管向培养基中逐滴加入 1 mol/L 的 NaOH 溶液,边加边搅拌,并随时用 pH 试纸测其 pH,直至 pH 达 7.2。

反之,则用 1 mol/L 的 HCl 进行调节。注意 pH 不要调过了头,以避免回调,否则,将会影响培养基内各离子的浓度。

（4）分装

将配制好的培养基分装入 15 mm×150 mm 的试管中,每管约 5 mL,共装 20 管。余下的分装入 300 mL 的三角瓶中,每瓶约 150 mL。

分装过程中注意不要使培养基沾在管口或瓶口上,以免沾污棉塞而引起污染。

（5）加棉塞与包扎

培养基分装完毕后,在试管口或三角瓶口上塞上棉塞。试管每 10 支一捆,再在棉塞外包一层牛皮纸,然后用线绳扎好。三角瓶加塞后,外包牛皮纸,用线绳以活结形式扎好,使用时容易解开。最后,在牛皮纸上用记号笔注明培养基名称、组别、日期。

（6）灭菌

将上述培养基以 0.100 MPa 压力,灭菌 20~30 min。

（7）摆斜面

将灭过菌的培养基冷至 50 ℃左右,将试管棉塞端搁在玻璃棒上,使斜面长度不超过试管总长的 1/2 为宜。

（8）无菌检查

将灭菌冷却后的培养基放入 37 ℃温箱中培养 24~48 h,以检查灭菌是否彻底。

5.3.4　高氏Ⅰ号培养基的制备

1. 实验目的

（1）了解合成培养基的配制原则。
（2）掌握高氏Ⅰ号培养基的配制方法。

2. 实验原理

高氏Ⅰ号（淀粉琼脂培养基）是一种合成培养基,适用于分离和培养放线菌。

高氏Ⅰ号培养基是以可溶性淀粉作为碳源,KNO_3 作为氮源,$NaCl$、K_2HPO_4、$MgSO_4$ 作为无机盐,为微生物提供钠、钾、磷、镁、硫等离子;$FeSO_4$ 作为微量元素,提供铁离子。由于磷酸盐和镁盐相混合时产生沉淀,因此,在混合培养基成分时,一般是按配方的顺序依次溶解各成分。对于像 $FeSO_4$ 这样的微量成分,则可预先配成高浓度的贮备液,在配制培养基时按需要加入一定的量。

高氏Ⅰ号培养基配方:

可溶性淀粉	20 g
NaCl	0.5 g
KNO_3	1.0 g
$K_2HPO_4 \cdot 3H_2O$	0.5 g
$MgSO_4 \cdot 7H_2O$	0.5 g
$FeSO_4 \cdot 7H_2O$	0.01 g
琼脂	15～20 g
蒸馏水	1000 mL
pH	7.4～7.6

3. 实验器材

高压蒸汽灭菌锅,电炉,电子天平,牛角匙,搪瓷缸,称量纸,棉塞,牛皮纸,线绳,记号笔,pH 试纸;

量筒,玻璃棒,培养基分装装置,烧杯,试管,三角瓶,滴管;

可溶性淀粉,NaCl,KNO_3,$K_2HPO_4 \cdot 3H_2O$,$MgSO_4 \cdot 7H_2O$,$FeSO_4 \cdot 7H_2O$,琼脂,1 mol/L NaOH 溶液,1 mol/L HCl。

4. 实验步骤

(1)称量和溶化。按配方先称取可溶性淀粉,放入小烧杯中,并用少量冷水将淀粉调成糊状,再加入少于所需水量的沸水中,继续加热,使可溶性淀粉完全溶化。再称取其他各成分依次逐一加入溶化。对微量成分 $FeSO_4 \cdot 7H_2O$ 可先配成高浓度的储备液后加入。方法是先在 100 mL 培养基中加入 1 mL 的 0.01 g/mL 的储备液即可。待所有药品完全溶解后,补充水分到所需的总体积。

如果配制固体培养基,其溶化过程同 5.3.3 节。

(2)调 pH、分装、包扎、灭菌及无菌检查同 5.3.3 节。

5.3.5　伊红美蓝培养基的制备

1. 实验目的

(1)了解鉴别培养基的配制原则。

(2)学习并掌握伊红美蓝培养基的配制方法。

2. 实验原理

伊红美蓝培养基，即 EMB(Eosin Methylene Blue Medium)培养基，是一种鉴别培养基。常用来鉴别某种菌是否发酵乳糖，在饮用水、牛乳的大肠杆菌等细菌学检测以及遗传学研究上有着重要的用途。

伊红美蓝培养基中含有伊红和美蓝两种染料，二者均可抑制革兰氏阳性细菌和一些难培养的革兰氏阴性细菌，在低酸度时，这两种染料结合形成沉淀，起着产酸指示剂的作用。如某些发酵乳糖的细菌，在该培养基上培养时，因其分解乳糖而产生大量的混合酸，菌体带 H^+，故可染上酸性染料伊红，又因伊红与美蓝结合，所以菌体被染上深紫色，从而使菌落呈现出紫色或边缘无色、中央暗黑色的菌落，从菌落表面的反射光中还可以看到绿色金属光泽。

伊红美蓝培养基的成分：

牛肉膏蛋白胨培养基(pH7.6)	100 mL
20％乳糖溶液	2 mL
2％伊红(曙红,eosin)水溶液	2 mL
0.5％美蓝水溶液	1 mL

3. 实验器材

高压蒸汽灭菌锅，电炉，天平，牛角匙，搪瓷缸，称量纸，棉塞，牛皮纸，线绳，记号笔，pH 试纸；

量筒，玻璃棒，培养基分装装置，烧杯，试管，三角瓶，滴管；

牛肉膏，蛋白胨，NaCl，乳糖，伊红，美蓝，琼脂，1 mol/L HCl，1 mol/L NaOH 溶液。

4. 实验步骤

(1)按 5.3.3 节操作步骤配制牛肉膏蛋白胨培养基，灭菌后备用。

(2)配制 20％乳糖溶液，以 0.070 MPa(115.2℃)灭菌 20 min。乳糖在高温灭菌时易被破坏，必须严格控制灭菌温度。

(3)配制 2％伊红水溶液、0.5％美蓝水溶液，灭菌后备用。

(4)以无菌操作方法，将 20％乳糖溶液 2 mL、2％伊红水溶液 2 mL、0.5％美蓝水溶液 1 mL 加入上述灭菌后已冷至 60 ℃左右的牛肉膏蛋白胨培养基 100 mL 中，摇匀后，放冷即可。

5.4　微生物的诱变育种

5.4.1　实验目的与内容

（1）以紫外线诱变获得用于酱油生产的高产蛋白酶菌株为例,学习微生物诱变育种的基本操作方法。

（2）对米曲霉出发菌株进行处理,制备孢子悬液。

（3）用紫外线进行诱变处理。

（4）用平板透明圈法进行两次初筛。

（5）用摇瓶法进行复筛及酶活性检测。

5.4.2　实验原理

紫外线是一种常用且有效的物理诱变因素,其作用主要是可引起 DNA 结构的改变形成突变型,主要引起 DNA 相邻嘧啶间形成共价结合的胸腺嘧啶二聚体。一般应用紫外灯照射呈悬浮状态分散的单细胞,紫外灯多采用 15 W 和 30 W,照射距离为 30 cm 左右,照射时间以菌种而异,一般为 1～3 min,死亡率控制在 50%～80%为宜。多采用对数生长期的细胞进行诱变。

5.4.3　实验器材

1.菌种及培养基

米曲霉斜面菌种;豆饼斜面培养基、酪素培养基。

2.实验试剂

蒸馏水、0.5%酪蛋白。

3.仪器及其他

三角烧瓶（300 mL、500 mL）、试管、培养皿（9 cm）、恒温摇床、恒温培养箱、紫外照射箱、磁力搅拌器、脱脂棉、无菌漏斗、玻璃珠、移液管、涂布器、酒精灯等。

5.4.4　实验步骤

1.出发菌株的选择

可直接选用生产酱油的米曲霉菌株,或选用高产蛋白酶的米曲霉菌株。

(1)菌悬液制备

取出发菌株转接至豆饼斜面培养基中,30℃培养3～5 d活化。然后孢子洗至装有1 mL 0.1 mol/L pH6.0的无菌磷酸盐缓冲液的三角烧瓶中(内装玻璃珠,装量以大致铺满瓶底为宜),30 ℃振荡30 min,用垫有脱脂棉的灭菌漏斗过滤,制成孢子悬液,调其浓度为10^6～10^8个/mL,冷冻保藏备用。

(2)诱变处理

用物理方法或化学方法,所用诱变剂种类及剂量的选择可视具体情况决定,有时还可采用复合处理,可获得更好的结果。本实验用紫外线照射的诱变方法。

(3)紫外线处理

打开紫外灯(30 W)预热20 min。取5 mL菌悬液放在无菌的培养皿(9 cm)中,同时制作5份。逐一操作,将培养皿平放在离紫外灯30 cm(垂直距离)处的磁力搅拌器上,照射1 min后打开培养皿盖,开始照射,照射处理开始的同时打开磁力搅拌器进行搅拌,计算时间,照射时间分别为15 s、30 s、1 min、2 min、5 min。照射后,诱变菌液在黑暗冷冻中保存1～2 h,然后在红灯下稀释涂菌进行初筛。

(4)稀释菌悬液

按10倍稀释至10^{-6},从10^{-5}和10^{-6}中各取出0.1 mL加入到酪素培养基平板中(每个稀释度均做3个重复),然后涂菌并静置,待菌悬液渗入培养基后倒置,于30 ℃恒温培养2～3 d。

2.优良菌株的筛选

(1)初筛

首先观察在菌落周围出现的透明圈大小,并测量其菌落直径与透明圈直径之比,选择其比值大且菌落直径也大的菌落40～50个作为复筛菌株。

(2)平板复筛

分别倒酪素培养基平板,在每个平皿的背面用红笔划线分区,从圆心划线至周边分成8等份,1～7份中点种初筛菌株,第8份点种原始菌株,作为对照。培养48 h后即可见生长,若出现明显的透明圈,即可按初筛方法检测,获得数株二次优良菌株,进入大摇瓶复筛阶段。

（3）摇瓶复筛

将初筛出的菌株,接入米曲霉复筛培养基中进行培养,其方法是:称取麦麸 85 g,豆饼粉(或面粉)15 g,加水 95～110 mL(称为润水),水含量以手捏后指缝有水而不下滴为宜,于 500 mL 三角烧瓶中装入 15～20 g(料厚为 1～1.5 cm),121 ℃湿热灭菌 30 min,然后分别接人以上初筛获得的优良菌株,30 ℃培养,24 h 后摇瓶一次并均匀铺开,再培养 24～48 h,共培养 3～5 d 后检测蛋白酶活性。

3.蛋白酶的测定方法

（1）取样

培养后随机称取以上摇瓶培养物 1 g,加蒸馏水 100 mL(或 200 mL),40 ℃水浴,浸酶 1 h,取上清浸液测定酶活性。另取 1 g 培养物于 105 ℃烘干测定含水量。

（2）酶活性测定

30 ℃ pH7.5 条件下水解酪蛋白(底物为 0.5％酪蛋白),每分钟产酪氨酸 1 μg 为一个酶活力单位。计算公式为:

$$(A_{样品}-A_{对照})KV/tN$$

式中:K——标准曲线中光吸收为"1"时的酪氨酸质量,μg；

　　V——酶促反应的总体积；

　　t——酶促反应时间,min；

　　N——酶的稀释倍数。

4.谷氨酸的检测

此项检测也是筛选酱油优良菌株的重要指标之一。检测培养基：豆饼粉与麸夫的配比为 6：4,润水 75％,121 ℃湿热灭菌 30 min。

谷氨酸测定:于以上培养基中加入 7％盐水,40～45 ℃水浴,水解 9 d 后过滤,以滤液检测谷氨酸含量(测压法)。

5.4.5　注意事项

（1）紫外线照射时注意保护眼睛和皮肤。

（2）诱变过程及诱变后的稀释操作均在红灯下进行,并在黑暗中培养。

5.4.6　实验结果

(1)筛选菌株数的计算,若按突变率为 1‰ 计算,则一次筛选可取 250～300 个菌落,第一次筛选后可多选几株高产株,而二级筛选为重点阶段,其最适量可参考以下计算方法:如初筛菌株数为 200 株,二次筛选欲选株数为 2 株,则二级应选(200×2)1/2,为 20 株,这样的数量选择,便有可能从较少的数量中获得相对较多的优良菌株。

(2)菌悬液浓度应控制适当,浓度过高时,涂布平板后菌株生长密集不利于优势菌株的筛选,浓度过低时,菌株筛选数量太少,可能错过发生突变的菌株,菌悬液浓度过高、过低都不利于诱变结果,所以在制备菌悬液或进行梯度稀释时一定要控制好其浓度。

5.5　酵母菌单倍体原生质体融合

5.5.1　实验目的

学习并掌握以酵母菌为材料的原生质体融合的操作方法。

5.5.2　实验原理

进行微生物原生质体融合时,首先必须消除细胞壁,它是微生物细胞之间进行遗传物质交换的主要障碍。在用酵母属微生物细胞进行细胞融合时,通常采用蜗牛酶除去细胞壁,采用聚乙二醇促使细胞膜融合。细胞膜融合之后还必须经过细胞质融合、细胞核重组、细胞壁再生等一系列过程,才能形成具有生活能力的新菌株。融合后的细胞有两种可能情况:一是形成异核体,这是不稳定的融合;另一种是形成重组融合子。通过连续传代、分离、纯化,可以区别这两类融合。应该指出,即使真正的重组融合子,在传代中也有可能发生分离,产生回复突变或新的遗传重组体。因此,必须经过多次分离、纯化才能获得稳定的融合子。

5.5.3　实验器材

1.菌种

酿酒酵母,单倍体 Lys^- 、ade^- 。

2.培养基

(1)完全培养基(液体 CM)。

(2)完全培养基(固体 CM),液体培养基中加入 2.0% 琼脂。

(3)基本培养基(MM)分两种:葡萄糖柠檬酸钠培养基和 YNB 培养基。

(4)再生完全培养基,固体完全培养基中加入 0.5 mol/L 蔗糖(或 0.8 mol/L 甘露醇)。

3.缓冲液

(1)0.1 mol/L、pH6.0 的磷酸缓冲液。

(2)高渗缓冲液,于上述缓冲液中加入 0.8 mol/L 甘露醇。

4.原生质体稳定液(SMM)

0.5 mol/L 蔗糖,20 mol/L $MgCl_2$,0.02 mol/L 顺丁烯二酸,调至 pH6.5。

5.促融剂

含 40% 聚乙二醇(PEG-4000)的 SMM。

6.器材

培养皿、移液管、试管、容量瓶、锥形瓶、离心管、玻璃棒、显微镜、离心机等。

5.5.4　实验步骤

1.原生质体的制备

(1)活化菌体

将单倍体酿酒酵母活化,分别转接新鲜斜面。自新鲜的斜面分别挑取一环接入装有 25 mL 完全培养基的锥形瓶中,30 ℃ 培养 16 h 至对数期。

（2）离心洗涤、收集细胞

分别取 5 mL 上述培养至对数生长期的酵母细胞培养液，3000 r/min 离心 10 min，弃上清液，向沉淀的菌体中加入 5 mL 缓冲液，用无菌接种环搅散菌体，振荡均匀后离心洗涤一次，再用 5 mL 高渗缓冲液离心洗涤一次，将两菌株分别悬浮于 5 mL 高渗缓冲液中，振荡均匀，分别取样 0.5 mL，用生理盐水稀释至 10^{-6} 稀释度；分别各取 0.1 mL 10^{-4}、10^{-5}、10^{-6} 稀释度的稀释液，接种于相应编号的完全培养基平板上（每个稀释度做两个平板），用无菌涂布器涂布，30℃培养 48L 后进行二亲株的总菌数测定。

（3）酶解脱壁

各取 3 mL 菌液于无菌小试管中，3000 r/min 离心 10 min，弃上清液，加入 3 mL 含 2.0 mg 蜗牛酶的高渗缓冲液（此高渗液含有 0.1% EDTA 和 0.3% SHOH），于 30 ℃振荡保温，定时取样镜检观察至细胞变成球形原生质体为止，此时原生质体形成。

2. 原生质体再生及剩余细胞数的测定

（1）再生

分别吸取 0.5 mL 含原生质体的溶液（经酶处理）加入装有 4.5 mL 高渗缓冲液及 4.5 mL 无菌水的试管中，经高渗缓冲液稀释至 10^{-5} 稀释度；分别吸取 0.1 mL 10^{-3}、10^{-4}、10^{-5} 稀释度的稀释液于相应编号的再生培养基平板上，30 ℃培养 48 L 后，进行再生菌数测定（用双层再生培养基）。

（2）未脱壁菌数测定

分别取 0.5 mL 含原生质体的溶液至装有无菌水的试管中，稀释到 10^{-4} 稀释度，各取 0.1 mL 10^{-2}、10^{-3}、10^{-4} 稀释度的稀释液于相应编号的完全培养基平板上，30 ℃培养 48 L 后，进行未脱壁菌数测定。

3. 原生质体融合

（1）除酶

取两亲本原生质体各 1 mL，混合于灭菌的小试管中，2500 r/min 离心 10 min，弃上清液，用高渗缓冲液离心洗涤 2 次，除酶。

（2）促融

向上述沉淀菌体中加入 0.2 mL SMM 溶液，混合后再加入 1.8 mL 40% PEG，轻轻摇匀，32 ℃水浴保温 2 min，立即用 SMM 溶液适当稀释（一般为 10^0、

10^{-1}、10^{-2}稀释度)。

(3)再生

取融合后的稀释液各 0.1 mL,放于冷却至 45 ℃左右的含 6 mL 固体再生培养基的试管中,迅速混匀,倒入带有底层再生培养基的平板上,每个稀释度做两次重复,30 ℃培养 96 L,检出融合子。

(4)融合子的检验

用牙签挑取原生质体融合后长出的大菌落点种在基础培养基平板上,生长者为原养型即重组子。传代稳定后转接于固体完全培养基斜面上,而亲本类型在基本培养基上是不生长的。

第6章　微生物学综合性实验

综合性实验是指实验内容涉及微生物学的综合知识或与微生物学相关的知识的实验。实验内容的复合性是综合性实验的重要特征。综合性实验的目的在于通过实验内容、方法、手段的综合性，掌握综合的知识，培养综合考虑问题的思维方式，运用综合的方法、手段分析问题、解决问题，达到能力、素质的综合培养。本章主要对柠檬酸液体深层发酵和提取、抗噬菌体菌株的选育、固定化活细胞的制备及其发酵实验、Ames 实验检测诱变剂和致癌剂，以及生长谱法测定微生物的营养需求等进行分析。

6.1　柠檬酸液体深层发酵和提取

6.1.1　实验目的

(1)掌握实验室菌种与种子生产方法。

(2)学习柠檬酸发酵原理及过程,掌握柠檬酸液体发酵及中间分析方法。

(3)记录黑曲霉培养过程中培养基中基质的变化与产物的形成情况。

(4)掌握钙盐法提取柠檬酸的原理与方法。

6.1.2　实验原理

目前,国内外普遍采用黑曲霉的糖质原料发酵生产柠檬酸。在黑曲霉发酵生产柠檬酸实验中需要大量活化的孢子,其制备是采用麸皮培养基中保藏的黑曲霉孢子,在新的麸皮培养基上,于适当的温度下活化并大量繁殖,从而产生大量活化孢子。

黑曲霉发酵法生产柠檬酸的代谢途径:黑曲霉生长繁殖时产生的淀粉酶、糖化酶首先将薯干粉或玉米粉中的淀粉转变为葡萄糖;葡萄糖经过酵解途径(EMP)转变为丙酮酸;丙酮酸氧化脱羧形成乙酰 CoA,然后在柠檬合成酶的作用下生成柠檬酸。黑曲霉在限制氮源和锰等金属离子条件下,同时在高浓度葡萄糖和充分供氧的条件下,TCA 循环中的酮戊二酸脱氢酶受抑制,TCA 循环不能充分进行,使柠檬酸大量积累并排出菌体外。其理论反应式为

$$C_6H_{12}O_6 + 1.5O_2 \longrightarrow C_6H_8O_7 + 2H_2O$$

以薯干粉或玉米粉为原料的黑曲霉柠檬酸发酵液,除了含有大量柠檬酸外,还有大量的菌体、少量没有被黑曲霉利用的残糖、蛋白质、脂肪、胶体化合物以及无机盐类等。柠檬酸提取就是从成分复杂的发酵液中分离提纯获得柠檬酸。从柠檬酸发酵液中提取柠檬酸的方法主要有钙盐法、溶剂萃取法、吸交法、离子色谱法等。

钙盐法首先采用过滤或超滤除去发酵液中的菌丝体等不溶残渣,然后在澄清过滤液中加入碳酸钙(或氢氧化钙)发生中和反应,生成难溶的柠檬酸钙沉淀,利用在 80～90℃下柠檬酸钙具有溶解度极低的特性,通过过滤(或离心)将柠檬酸钙与可溶性的糖、蛋白质、氨基酸、其他有机酸和无机离子等杂质分离开,用 80～90℃热水反复洗涤柠檬酸钙,除去残糖和其他可溶性杂质,经过滤(或离心)获得较纯净的柠檬酸钙,然后在洗净的柠檬酸钙中缓慢地加入稀硫酸进行酸解反应,生成柠檬酸和硫酸钙沉淀,经过滤(或离心)除去硫酸钙沉淀,获得粗制的柠檬酸。其主要反应式为

中和过程:
$$2C_6H_8O_7 \cdot 3H_2O + 3CaCO_3 \longrightarrow Ca_3(C_6H_5O_7)_2 \cdot 4H_2O + 3CO_2 \uparrow + H_2O$$

酸解过程:
$$Ca_3(C_6H_5O_7) \cdot 4H_2O + 3H_2SO_4 + 4H_2O \longrightarrow 2C_6H_8O_7 \cdot H_2O + 3CaSO_4 \cdot 2H_2O$$

6.1.3　实验器材

1. 实验材料

(1)菌种:黑曲霉。
(2)种曲培养基:麸皮培养基。
(3)黑曲霉种子培养基:20％玉米粉糖化过滤液。
(4)发酵培养基:20％葡萄糖溶液与过滤后的玉米糖化过滤液按比例混合。

2. 其他试剂

0.1 mol/L NaOH 溶液、1％酚酞试剂、碳酸钙、95％乙醇、浓硫酸、α-淀粉酶。

3.主要仪器设备

超净工作台、恒温培养箱、pH 计、灭菌锅、三角瓶(500 mL)、摇床、离心机、滤布、布氏漏斗、滴定管、水浴锅、试管、烧杯等。

6.1.4 实验步骤

1.麸曲的制备

(1)麸皮培养基的配制

将麸皮用纱布袋装好,用自来水将麸皮反复揉洗直至洗液澄清,挤去水分至有水感而水不下滴为宜。将洗净的麸皮装入 500 mL 干净的锥形瓶中,装入量约为锥形瓶体积的 1/5,用 4 层纱布盖好,并用牛皮纸包好。高压蒸汽灭菌法灭菌,121 ℃,灭菌 30 min。

(2)接种

①孢子悬浮液的制备取保藏黑曲霉菌种,用接种环挑取少许菌落装入含有玻璃球的三角瓶中,加 20 mL 无菌水,盖好塞子振荡数分钟,即得孢子悬浮液。

②种曲的制备吸取孢子悬浮液 5 mL 接入麸曲培养基中,然后摊开纱布、扎好,并在掌心轻轻拍三角瓶,使孢子和培养基充分混合,于 30~32 ℃下恒温培养 1 d 后,再次拍匀,于 35 ℃下培养,每隔 12~24 h 摇瓶一次,孢子长出后停止摇瓶,这样继续培养 3~4 d,即成种曲。

2.摇瓶种子制备

(1)摇瓶发酵培养基的配制

将玉米粉用 80 目筛子筛好备用,称取 200 g 玉米粉于烧杯中,同时加入自来水 800 mL,即自来水与玉米粉的配比为 4∶1,混匀。

(2)培养基的糖化

将培养基置电热板上搅拌加热,70 ℃加入淀粉酶 2.0 g,水解 20 min,取少量培养基加水稀释后用碘指示剂检验,与淀粉液进行对照,如变蓝表明水解糖化不完全,需补加淀粉酶继续水解至不变蓝,即糖化完全。用双层纱布过滤,即得到 20% 玉米水解过滤液。

(3)分装、灭菌

将配制好的培养基装入摇瓶(锥形瓶)中,装入量为摇瓶总体积的 1/10,用 2

层纱布封口,121 ℃,灭菌 20 min。

(4)接种

待培养基温度降至 40 ℃以下时,将活化的黑曲霉孢子(为 4～5 片麸皮)接种入培养基中,在 33～36 ℃下,200 r/min 的摇床中培养 20 h 左右,培养后菌丝球为致密形的,菌球直径不应超过 0.1 mm,菌丝短且粗壮,分支少,呈瘤状,以部分膨胀为优。

3.发酵培养

(1)发酵培养基的配制

取 20%葡萄糖溶液分别按 20∶1、10∶1、5∶1 的配比加入玉米糖化液,配成培养基。

(2)分装、灭菌

取 40 mL 混合后的培养基加入到 500 mL 摇瓶(小于总体积的 1/10)中,用 2 层纱布封口,121 ℃,灭菌 20 min。

(3)接种

待培养基温度降至 40 ℃以下,接入发酵种子 2 mL,35 ℃摇床上连续培养 72 h,24 h 前转速为 100 r/min,24 h 后转速调为 200～300 r/min,培养结束后将发酵液高温灭活,待处理。

4.发酵过程检测

(1)pH 的检测

使用 pH 计,每隔 12 h 记录一次 pH。

(2)黑曲霉菌丝形态的观察

每隔 12 h 镜检黑曲霉菌丝的形态变化。

(3)柠檬酸总酸的测定

精确吸取 5 mL 发酵液的过滤液于 100 mL 锥形瓶中,加入少量的去离子水,加 2～3 滴 0.1%酚酞指示剂,用 0.1 mol/L NaOH 溶液滴定,滴定至呈现微红色,计算用去的 NaOH 溶液体积,计为柠檬酸的百分含量(每消耗 1 mL NaOH 溶液为 1%的酸度)。

5.钙盐法提取柠檬酸

(1)发酵液过滤将发酵液合并,量取发酵液体积,离心或过滤除去菌体及残渣,准确计量滤液,取 5 mL 滤液,测定柠檬酸含量。

(2)碳酸钙中和沉淀柠檬酸与碳酸钙发生中和反应,形成难溶的柠檬酸钙沉淀,碳酸钙的添加量根据滤液中柠檬酸的量来添加,柠檬酸与碳酸钙的质量比为2.1∶1。边搅拌边缓慢加入碳酸钙,以防止产生大量气泡。碳酸钙加完后,放置90 ℃恒温水浴中加热,保温搅拌 30 min,趁热过滤,并用沸水洗涤柠檬酸钙沉淀。

(3)酸解

将柠檬酸钙沉淀物取出,称量,加入 2 倍量的水,调匀,加入浓度为 10% 的硫酸溶液,硫酸的添加量根据碳酸钙的量计算,碳酸钙与硫酸的摩尔质量比为 1∶1.5。加完硫酸后,搅拌 30 min,过滤,得清亮的棕黄色液体,取样测定柠檬酸的含量,并准确计量柠檬酸液体积。

(4)结晶

取柠檬酸液置电热板上加热浓缩,静置析出结晶。

6.1.5　注意事项

(1)麸皮一定要洗净,否则易产生杂菌。

(2)用碘液检验淀粉时,要用水稀释。装入摇瓶的培养基不能太多,否则培养过程中黑曲霉所需要的氧气不能充分供应。

(3)进行下一步操作前应用显微镜检测菌球的生长状况,若菌丝细长则说明黑曲霉已经提前进入柠檬酸发酵时期,会导致后期的柠檬酸产量降低。

(4)发酵过程中不能断氧,否则发酵将失败。

6.2　抗噬菌体菌株的选育

6.2.1　实验目的

了解抗噬菌体菌株选育的原理,并掌握筛选抗噬菌体菌株的基本方法。

6.2.2　实验原理

噬菌体污染现象在发酵工业中普遍存在,比一般的杂菌污染更具危害性。虽然通过外部条件的改善可以避免噬菌体污染或降低其染菌率,但更为有效的方法还是筛选抗噬菌体的抗性菌株。

常用的抗噬菌体菌株的选育方法有噬菌体淘汰法和诱变法。噬菌体淘汰法是将要进行选育抗噬菌体菌株的菌种加上噬菌体进行培养,通过反复淘汰,能正常生长的菌株即为抗噬菌体菌株。但这种方法得到的抗噬菌体菌株多是溶源菌。诱变法是将菌种进行诱变处理后,再用噬菌体测定,选出抗噬菌体菌株。这样,菌种不接触噬菌体,可避免因此而产生溶源菌株。

6.2.3　实验器材

1.菌种和培养基

枯草芽孢杆菌 BF7658、枯草芽孢杆菌敏感噬菌体 BS_5、BS_{10}、BS_{12},牛肉膏蛋白胨培养基(液体和固体)。

2.试剂

pH 6.5 磷酸缓冲液、生理盐水。

3.仪器与物品

离心机、摇床、紫外灯、培养皿、摇瓶等。

6.2.4　实验步骤

1.污染噬菌体的证实和噬菌体的繁殖

(1)噬菌斑实验

先将怀疑受噬菌体污染的发酵液或种子液离心,将离心后的上清液稀释到 10^{-7}。然后取不同浓度的稀释液 0.2 mL,敏感菌母瓶种子液 0.5 mL,一同加到平皿上。再倒一层固体培养基摇匀,在 37 ℃下培养 24 h。如在某一个合适稀释度的平板上出现噬菌斑,证明发酵液或种子液内存在噬菌体。

(2)噬菌体的繁殖

用接种针挖取噬菌斑透明部分一小块,接种到牛肉膏蛋白胨培养基中,同时加入敏感菌种子液 0.5 mL,在 37 ℃下培养 24 h 后,将沉淀部分弃去,上清液即为噬菌体液。测定噬菌体液中的噬菌体浓度,即根据不同稀释度的平板中出现的噬菌斑数来计算噬菌体液中的噬菌体数量。一般噬菌体液浓度达 $10^7 \sim 10^8$ 个/mL 以上时,即可放在 4 ℃冰箱中保存备用。如浓度不符要求,可将该噬菌体液传代到新鲜牛肉膏蛋白胨培养基,即 1 mL 噬菌体液、2 mL 敏感菌种子液加入新鲜牛肉膏蛋白胨培养基,37 ℃下培养 24 h,再用噬菌体分离方法计算该噬菌体液的浓度,直至达到要求。

2. 抗噬菌体菌株的筛选

(1)噬菌体淘汰法

①固体法

固体法将生长成熟的敏感菌斜面,加入 10 mL 灭菌生理盐水,用接种环刮下斜面上的菌体。将此菌液倒入灭菌的装有玻璃珠的三角瓶中,在摇床上振荡 3 min,然后过滤制成菌悬液,控制其浓度为 10^5 个/mL。取此菌悬液 0.1 mL 和噬菌体液 0.1 mL(浓度 10^7 个/mL 以上),同时加到牛肉膏蛋白胨平板上,使敏感菌浓度与噬菌体浓度比达 1:100 以上。用玻璃棒将平板上的菌液与噬菌体液混合涂匀,于 37 ℃下培养 1~2 d 并进行观察,如有少数细菌形成菌落,则这些菌落有可能具有抗性。将这些菌落分别在加入 0.1 mL 噬菌体液(浓度 10^7 个/mL)的平板上划线分离。反复进行几次,直至菌落生长正常,将筛选出的抗噬菌体菌株保藏备用。为证实噬菌体是否与敏感菌起作用,在对照培养基上不加噬菌体液而只加敏感菌液,以便统计死亡率。

②液体法

将敏感菌悬液 1 mL(浓度为 10^5 个/mL)和噬菌体液 1 mL(浓度 10^7 个/mL 以上)同时接种到牛肉膏蛋白胨培养液中,培养 24 h 后加入 1 mL 浓度为 10^7 个/mL 的噬菌体液再继续培养。当培养液变清又重新变浑浊后,再加噬菌体反复感染,培养一定时间后进行平皿分离,从中筛选出抗性菌株保藏备用。

(2)诱变法

将敏感菌按常规紫外线诱变处理,然后取诱变后菌悬液 0.2 mL 加到牛肉膏蛋白胨平板上,长出菌落后,用接种环挑取一环接种到加有 0.1 mL 噬菌体液(浓度为 10^7 个/mL)的斜面上,进行培养观察。如果斜面上不出现噬菌斑,菌苔生长良好,而对照菌落在同样的噬菌体液斜面上培养后出现噬菌斑甚至不长,则认为前者具有抗性。将这样的斜面挑选出来,分离纯化备用。这样,菌种不接触噬菌体,可以避免因此而产生溶源菌株。

(3)摇瓶发酵复筛

将用上述方法初步确定具有抗性的菌株接种到含有噬菌体液 0.1 mL(浓度为

10^7 个/mL)的摇瓶中发酵培养数天,测定其生物效价,同时接敏感菌对照摇瓶(加和不加噬菌体)。如果含有噬菌体液的摇瓶发酵单位不受影响,而敏感菌在含有噬菌体液的摇瓶中没有效价,则前者进一步被认为是具有抗性的。然后将效价高于对照菌株的原始斜面挑选出来留种。

(4)固体平板上噬菌斑检查

将上述经过复筛后挑选出来的抗性菌株母瓶菌液 0.5 mL 与浓度在 10^9 个/mL 以上的噬菌体液 0.2 mL,同时加到灭菌培养皿中,倒上融化后并冷却到 45 ℃牛肉膏蛋白胨琼脂培养基摇匀。同时将敏感菌母瓶菌液也按同样量和经 10 倍稀释的噬菌体液 0.2 mL(即 10^5、10^6、10^7、10^8 个/mL)加入灭菌培养皿,制平板后一起培养检查噬菌斑。如果敏感菌出现噬菌斑而其他被测菌株在大量噬菌体存在时也不出现噬菌斑,则可以肯定是抗噬菌体菌株了。

6.3　固定化活细胞的制备及其发酵实验

6.3.1　实验目的

(1)了解固定化细胞技术的原理及其优缺点。
(2)学习制备固定化微生物活细胞的方法。
(3)了解固定化活细胞发酵产生酶的特性。

6.3.2　实验原理

固定微生物细胞的原理是将微生物细胞利用物理的或化学的方法,使细胞与固体的水不溶性支持物(或称载体)相结合,使其既不溶于水,又能保持微生物的活性。由于微生物细胞被固定在载体上,因此它们在反应结束后,可反复使用,也可贮存较长时间,使微生物活性不变。该项技术是近代微生物学上的重要革新,展示着广阔的前景。

微生物细胞固定化常用的载体有:①多糖类(纤维素、琼脂、葡聚糖凝胶、藻酸钙、K-角叉胶、纤维素);②蛋白质(骨胶原、明胶);③无机载体(氧化铝、活性炭、陶瓷、磁铁、二氧化硅、高岭土、磷酸钙凝胶等);④合成载体(聚丙烯酰胺、聚苯乙烯、酚醛树脂等)。选择载体的原则以价廉、无毒、强度高为好。微生物细胞固定方法常用的方法有吸附法、包埋法和共价交联法 3 类。

吸附法是将细胞直接吸附于惰性载体上,分物理吸附法与离子结合法。物理吸附法是利用硅藻土、多孔砖、木屑等作为载体,将微生物细胞吸附住。离子结合法是利用微生物细胞表面的静电荷在适当条件下可以和离子交换树脂进行离子结合和吸附制成固定化细胞。吸附法优点是操作简便、载体可再生;缺点是细胞与载体的结合力弱、pH、离子强度等外界条件的变化都可以造成细胞的解吸而从载体上脱落。

包埋法是将微生物细胞均匀地包埋在水不溶性载体的紧密结构中,细胞不至漏出而废物和产物可以进入和渗出。细胞和载体不起任何结合反应,细胞处于最佳生理状态。因此,酶的稳定性高,活力持久,所以目前对于微生物细胞的固定化大多采用包埋法。

共价交联法是利用双功能或多功能交联剂,使载体和酶或微生物细胞相互交联起来,成为固定化酶或固定化细胞。常用的最有效的交联剂是戊二醛。这是一种双功能的交联剂,在它的分子中,一个功能团与载体交联,另一个功能团与酶或细胞交联。此法最为突出的优点是:固定化酶或细胞稳定性好,共价交联剂和载体都很丰富。

然而到目前为止,尚无一种可用于所有种类的微生物细胞固定化的通用方法,因此,对某一待定的微生物细胞来说。必须选择其合适的固定化方法和条件。

6.3.3 实验器材

1. 菌种

枯草芽孢杆菌产生淀粉酶菌种。

2. 培养基

(1)产淀粉酶种子培养基

葡萄糖 10 g、$CaCl_2 \cdot 2H_2O$ 0.1 g、$NH_4H_2PO_4$ 5 g、$FeSO_4 \cdot 7H_2O$ 0.1 g、柠檬酸钠 0.5 g、水 1000 mL,pH 7.2,121 ℃湿热灭菌 20 min。

(2)产淀粉酶发酵培养基

酵母膏 1 g、葡萄糖 10 g、$FeSO_4 \cdot 7H_2O$ 0.1 g、$MnSO_4 \cdot H_2O$ 0.5 g、柠檬酸钠 0.5 g、$CaCl_2 \cdot 2H_2O$ 0.1 g、水 1000 mL,pH 7.2~7.4,121 ℃湿热灭菌 20 min。

(3)试剂

4%海藻酸钠溶液,0.05 mol/L $CaCl_2$ 溶液、柠檬酸缓冲溶液(pH 5.0)、无菌生理盐水(0.85％NaCl)。

(4)仪器及用具

玻璃管流化床反应器(直径 3 cm,高 20 cm,管外套加循环水套)、空气滤器、空气流量计、恒流泵、磁力搅拌器、10 L 发酵罐(或恒温摇床)、水浴锅、培养箱、500 mL锥形瓶、试管、比色用带孔穴白瓷板。

6.3.4　实验步骤

1.菌体操作

在无菌操作条件下,将灭菌的种子培养基按每瓶 100 mL 分装于 500 mL 锥形瓶中,将活化的枯草芽孢杆菌 α-淀粉酶菌株接种于以上培养液中,37 ℃,120 r/min振荡培养 16 h 作菌种。按 10％的接种量接种于装有无菌发酵培养基的 10 L 发酵罐中(或接种于大锥形瓶中恒温摇床培养)。维持 37 ℃搅拌培养至对数生长后期(约 24 h),离心收集菌体,用无菌生理盐水洗涤 2 次。将收集的菌糊用生理盐水以10 g/100 mL 制成菌悬液。

2.固定化活细胞的制备

(1)海藻酸钠凝胶固定化酵母细胞的制备

在 37 ℃条件下,将菌悬液与经过 115 ℃灭菌 30 min 的 4％海藻酸钠溶液混合,放在磁力搅拌器上保持低速搅拌。以细塑胶管连接恒流泵和菌体-海藻酸钠悬液,在恒流泵的输送下,菌体-海藻酸钠悬液经直径 2～3 mm 的玻璃滴管滴入低速而连续搅拌的 0.05 mol/L $CaCl_2$ 溶液中,然后转入 4 ℃冰箱,过夜。取出后经无菌生理盐水洗涤 2 次,制成直径约 1 mm 的固定化枯草芽孢杆菌细胞胶珠,菌体包埋在海藻酸钙凝胶中,即制成固定化细胞。

取 2 粒胶珠溶于 10 mL pH 5.0 的柠檬酸缓冲液中进行平板活细胞计数,并制片镜检,分别记录计数结果。

(2)K-角叉胶固定化细胞的制备

K-角叉胶是一种从海藻中分离出来的多糖,由 β-D-半乳糖硫酸盐和 3,6-脱水-α-D-半乳糖交联而成。热 K-角叉胶经冷却或经胶诱生剂如 K^+、NH_4^+、Ca^{2+}、Mg^{2+}、Fe^{3+} 及水溶性有机溶剂诱导形成凝胶。

K-角叉胶固定微生物细胞有许多优点,如条件粗放、凝胶诱生剂对酶活性影响很小、细胞回收方便。因此,目前多选用它作为载体。

称取 1.6 g K-角叉胶,于小烧杯中加无菌去离子水,调成糊状,再加入其余的水(总量为 40 mL),火上加温至熔化,冷却至 45 ℃左右,加入 10 mL 预热至 31 ℃左右的枯草杆菌培养液。混合后倒入带有小喷嘴的塑料瓶中或注射器外套并与小针头相接,通过直径为 5～20 mm 的小孔,以恒定的流速滴加到装有已预热至 20 ℃2%KCl 溶液的培养皿中制成凝胶珠,浸泡 30 min 后,将凝胶珠转入 300 mL 锥形瓶中。用无菌去离子水洗涤 3 次后,加入 200 mL 产酶发酵培养基,置 37 ℃培养箱内培养 72 h,观察结果。取两粒胶珠置于无菌生理盐水中浸泡,然后放 4 ℃冰箱保存,用于计数活细胞。

3.固定化活细胞连续发酵生产淀粉酶

先将玻璃管流化床反应器灭菌(见图 6-1),然后在进气口连接空气流量计和空气过滤器。在水循环外套的入口处连接水浴锅和温水循环装置,使固定化细胞反应器温度维持在 37 ℃。在玻璃管流化床反应器内装入 70 g 固定化细胞胶珠。开启恒流泵后,发酵培养液便流进反应器,反应器中供给无菌空气,培养后的发酵液自反应器顶部流出,收集发酵液,于 4 ℃冰箱保存,用于测定 α-淀粉酶活性。

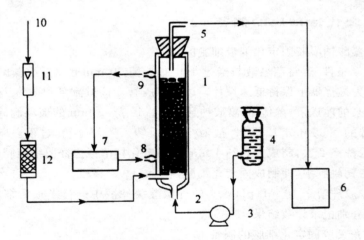

图 6-1　固定化细胞连续生产 α淀粉酶装置

1—玻璃管流化床(装填有固定化细胞);2—培养液入口;3—恒流泵;4—培养液;5—发酵液出口;
6—发酵液收集器;7—恒温水浴箱;8—水循环外套入口;9—水循环外套出口
10—空气;11—空气流量计;12—空气过滤器

4.α-淀粉酶活性测定

对收集的发酵液,可直接进行 α-淀粉酶活性测定,也可经超过滤浓缩 5～10 倍后测定浓缩液的酶活性。

(1)吸取 1 mL 标准糊精液,转入装有 3 mL 标准碘液的试管中,以此作为比色的标准管(或者吸取 2 mL 转入比色用的白瓷板的空穴内,作为比色标准)。

(2)在 2.5 cm×20 cm 试管中加入 2‰可溶性淀粉液 20 mL,加 pH 5.0 的柠檬酸缓冲液 5 mL,在 60 ℃水浴中平衡约 5 min,加入酶液 0.5 mL,立即计时并充分混匀。

定时取出 1 mL 反应液于预先盛有比色碘液的试管内(或取出 0.5 mL 加至预先盛有比色稀碘液的白瓷板空穴内),当颜色反应由紫色变为棕橙色,与标准色相同时即为反应终点,记录时间。以未发酵的培养液作为对照,测定酶活性的空白对照液。

(3)计算淀粉酶活性:计算公式如下。

$$\text{酶活力(U/mL)} = (60/t \times 20 \times 20\% \times n)/0.5$$

式中　t——反应时间;

　　　n——酶液的稀释倍数;

　　　0.5——使用的酶液量。

6.3.5　实验结果

(1)记录所收集发酵液的淀粉酶活性,并根据测定结果阐述固定化细胞的产酶特点。

(2)试说明两种固定方法的结果有什么不同,并解释原因。

(3)说明两粒包埋胶珠的平板活细胞计数结果。

6.4　Ames 实验检测诱变剂和致癌剂

6.4.1　实验目的

(1)了解用 Ames 实验检测诱变剂和致癌剂的基本原理。

（2）学习用 Ames 实验检测诱变剂和致癌剂的方法。

6.4.2　实验原理

Ames 实验是目前公认的检测致突变物最快速而精确的一种方法。

Ames 实验的基本原理是利用一系列鼠伤寒沙门菌（Salmonella typhimurium）的组氨酸营养缺陷型（his⁻）菌株发生恢复突变性能来检测物质的诱变及致癌性能，这些菌株在不含组氨酸的基本培养基上不能生长，但如遇具有诱变性的物质后可能恢复突变，his⁻ 变为 his⁺，因而在基本培养基上也能生长，形成可见的菌落，因此可以在短时间内根据恢复突变的频率来判定该物质是否具有诱变或致癌性能；本实验所使用菌株的遗传性状如表 6-1 所示。

表 6-1　菌株的遗传性状

菌株	组氨酸缺陷 his⁻	脂多糖屏障突变 rfa	UV 修复缺失 uvrB	生物素缺陷 bio⁻	抗药因子 R	检测突变型
TA1535	his⁻	rfa	uvrB	bio⁻	—	置换
TA100	his⁻	rfa	uvrB	bio⁻	R	置换
TA1537	his⁻	rfa	uvrB	bio⁻	—	移码
TA98	his⁻	rfa	uvrB	bio⁻	R	移码
S-CK 野生型	his⁺	未突变	不缺失	bio⁺	—	—

这些被检测的致癌剂需要哺乳动物干细胞中的羟化酶系统激活后方能显示致突变物的活性，所以在进行实验时还需加入哺乳动物肝细胞内微粒体的酶作为体外活化系统（S-9 混合液），以提高阳性物的测出率。

6.4.3　实验器材

1. 菌种

鼠伤寒沙门菌组氨酸缺陷型为 TA1535、TA100、TA1537 及 TA98 4 个菌株，对照菌株为 S-CK 野生型，各菌株的遗传特性如表 6-1 所示。各缺陷型菌株除均为组氨酸缺陷型（his⁻）外，尚有脂多糖屏障突变（rfa）、UV 修复缺失（uvrB）、生物素缺陷（bio⁻）及具抗药因子（R）等性状。TA1535 及 TA100 的区别是，TA1535 无抗药因子而 TA100 则具抗药因子。而 TA1537 与 TA100 的区别也是前者无抗药因子,后者有抗药因子。其中,TA1535 及 TA100 能检测引起碱基置换的诱变剂,而 TA1537 及 TA98 则用来检测碱基移码的诱变剂。本实验推荐用 TA100 为测试菌株,S-CK 为对照菌株。

2. 培养基

(1)氯化钠琼脂

配制 50 mL,加热熔化后,分装小试管,每支装 3 mL。0.07 MPa 灭菌 20 min。

(2)组氨酸-生物素混合液

L-盐酸组氨酸 31 mg、生物素 49 mg,溶于 40 mL 蒸馏水,备用。

(3)上层培养基

配制 45 mL,分装于 15 支试管,3 mL/试管,0.07 MPa 灭菌 20 min。

(4)下层培养基

配制 1000 mL,分装于锥形瓶,0.07 MPa 灭菌 20 min。

(5)牛肉膏蛋白胨液体培养基

配制 500 mL,分装于 100 支试管,每管 5 mL,0.1 MPa 灭菌 20 min。

(6)牛肉膏蛋白胨固体培养基

配制 450 mL,分装于锥形瓶中,0.1 MPa 灭菌 20 min。

3. 制备鼠肝匀浆 S-9 上清液

选取成年健壮大白鼠 3 只(每只体重约 200 g),按 500 mg/kg 一次腹腔注射五氯联苯玉米油配制成的溶液(五氯联苯溶液的浓度为 200 m/mL),提高酶活性。注射后第 5 天断头杀鼠,杀前 12 h 应禁食。取 3 只大白鼠的肝脏合并称重,用冷的 0.15 moL/L KCl 溶液先洗涤 3 次,剪碎,按 1 g 肝脏(湿重)加 3 mL 0.15 mol/L KCl 溶液在匀浆器中制成匀浆,经高速冷冻离心机(9000 r/min)离心 20 min,取上清液备用,此即 S-9 上清液。分装安瓿管,每管 1~2 mL,液氮速冻,−20 ℃ 冷冻保藏备用。使用前取出,在室温下融化并置冰中冷却,再按下文"4.配制鼠肝匀浆 S-9 混合液"配制混合液。以上一切操作均应在低温(0~4 ℃)、无菌中进行。

4. 配制鼠肝匀浆 S-9 混合液

配制 S-9 混合液前应预先将下列各组分配制成储备液,包括 0.2 mol/L pH 7.4 磷酸缓冲液、Mg-K 盐溶液、0.1 mol/LNADP-G-6-P 溶液。进行实验前取 2 mL S-9 上清液加入 10 mL NADP-G-6-P 溶液,最后加 1 mL Mg-K 溶液(依次加入），混合后置冰浴中待用。

5. 待测样品

可选用有致癌可能的化妆品如染发液或化工厂排放液进行检测。将待测物溶于蒸馏水中配制成每待测液含百分之几至千分之几（最高不能超过该物的抑菌浓度）3 个不同浓度。若样品不溶于水则用二甲亚砜（DMSO）溶解，还不能溶时则选用 95％乙醇、丙酮、甲酰胺、乙腈、四氢呋喃等作为配制待测样品的溶剂。

6. 试剂

（1）亚硝基胍（NTG）溶液。配制成 50 μg/mL、250 μg/mL 及 500 μg/mL 3 种浓度。

（2）黄曲霉素 B1 溶液。配制成 5 μg/mL、50 μg/mL 两种浓度。

（3）氨苄西林溶液。配制浓度为 8 mg/mL。

（4）结晶紫溶液。浓度为 1 mg/mL。

（5）0.85％生理盐水。配制 150 mL。

（6）0.15 moL/L KCl 溶液。配制 500 mL。

7. 仪器及用具

各种型号移液管（0.1 mL、1 mL、5 mL、10 mL）、试管、9 cm 培养皿、紫外线灯（15 W 或 20 W 各 1 支）、6 mm 厚圆滤纸片若干、黑纸 2 张、匀浆器一套、水浴锅一台、安瓿瓶、剪刀、镊子、解剖刀、注射器、台秤一台等。

6.4.4 实验步骤

1. 菌株遗传性状的鉴定

凡用于检测的菌株必须先对其数种主要遗传性状加以鉴定，符合要求后方可正式使用。

（1）组氨酸营养缺陷型（his⁻）鉴定

基于 his－菌株只能在含组氨酸的培养基上生长，将下层培养基熔化，冷却至 50 ℃左右，倒入 4 个培养皿内，冷凝后倒置过夜制成底层平板。从测试菌株及对照菌株斜面各取 1 环分别加入牛肉膏蛋白胨培养液内，37 ℃培养 16～24 h 后离心，取菌体并用生理盐水洗涤 3 次，然后制成浓度为(1～2)×10⁹ CFU/mL 的菌悬液。取 4 管氯化钠琼脂,熔化并冷至 45 ℃左右,保温,各管加 0.1 mL 菌悬液,每个菌株做 2 管,迅速摇匀并倒在底层平板上铺匀。在各培养皿背面用记号笔标出1、2、3 3 点。翻转平皿,打开皿盖,在 1 处加组氨酸颗粒,2 处加组氨酸.生物素混合液 1 小滴,3 处不加作对照。培养 2 d 观察结果,要求除对照外,其余检测菌株均为组氨酸-生物素缺陷型。

(2)脂多糖屏障突变(rfa)的鉴定

rfa 突变株的菌体表面脂多糖屏障已遭到破坏,一些大分子可穿过细胞壁和细胞膜而进入菌体并抑制其生长,而野生型不受影响。取牛肉膏蛋白胨固体培养基,熔化后制成 4 个底层平板,取 0.2 mL TA100 菌悬液均匀涂抹在平板上,每菌做 2皿。待室温干燥后,在中央放一直径 6 mm 无菌的厚滤纸片,在其上滴加结晶紫0.02 mL。37 ℃培养 2 d 后观察结果。若滤纸片周围出现抑菌圈,直径>14 mm,说明 rfa 突变。

(3)抗药性因子(R)鉴定

取牛肉膏蛋白胨固体培养基在两个平皿内制成平板。冷凝后在平板的中央加氨苄西林溶液 0.01 mL,并用接种环将其涂开成一条直线,置温箱或室温下待干。从 1、2 两皿分别取 TA1537、TA100 及 S-CK 各一环,划过氨苄西林带并于之垂直方向划线,做 2 皿重复。37 ℃培养 16～24 h 观察结果。

含 R 因子者在划线部分可生长。R 因子的性状易于丢失,故应经常鉴定。

(4)UV 修复缺失(uvrB)鉴定

取牛肉膏蛋白胨固体培养基熔化后,倒入 4 个培养皿制成平板,冷凝后用记号笔做好标记。分别取 TA100 及 S-CK 两个菌株在平板上平行划线,做 2 个重复。将培养皿放于紫外线灯(15～20 W,30～40 cm)下,打开培养皿盖,用无菌黑纸遮盖半个培养皿,将划线处露出一半,打开紫外线灯,照射 10～20 s。照射完毕,取出并盖上培养皿盖,37 ℃培养 16～24 h 观察结果。UV 修复缺失的菌株经照射后不能生长,但有黑纸遮盖部分可生长。

2. 待测样品致突变性检测

检测可用点滴法或掺入法进行。每次实验均应同时设对照以便比较结果。

(1)点滴法

将下层培养基熔化后倒入培养皿,制成底层平板。将上层培养基(加组氨酸.生物素的 NaCl 琼脂)熔化并冷凉至 45 ℃左右放入水浴保温,加入 0.1 mL 浓度为1×10^9/mL 的 TA100 悬液、0.5 mL S-9 混合液,混匀后倒在平板上铺平。待上层凝固后,取直径为 6 mm 的无菌圆形厚滤纸片,各蘸取不等浓度的待测样品液约 10 此轻轻放在上层平板上,每皿可放滤纸片 1~5 张,同一菌株做 2 皿重复,37 ℃ 培养 48 h 观察结果。凡在滤纸片周围长出一圈菌落者,可认为该样品具有致突变性。菌落数为>10(+)、>100(++)、>500(+++)。若仅有>10 菌落出现,则该样品不具突变性(-)。此法比较简单,但结果不够精确,可作为样品测定的定性实验。

(2)掺入法

用与上述相同的方法制下层平板,上层培养基熔化冷凉后,除加 0.1 mL 测试菌悬液、0.5 mL S-9 混合液外,尚须加 0.1 mL 已知浓度的待测样品液,经充分混合后迅速铺于底层平板上,37 ℃培养 48 h 观察结果。操作应在 20 s 内完成并注意避光。平板上出现的菌落是经回复突变后产生的,精确记录各培养皿上出现的回变菌落数并算出同组两培养皿的平均菌落数,即诱变菌落平均数/皿,以 R_t 表示,留待以后计算突变率。

在观察结果时,无论是掺入法还是点滴法,一定要在琼脂表面长出的回复突变菌落的下面衬有一层菌苔时方能确认为 his$^+$ 回复突变菌落。这是由于下面的菌苔是菌株利用了上层的培养基内所含微量组氨酸和生物素生长的菌,经数次分裂后,其中一部分可自发回复突变,并继续增殖形成的菌落。

3. 对照设计及结果评估

每次实验均应设有回复突变、阳性及阴性 3 项对照。

(1)自发回复突变对照

做法基本与掺入法相同,但在上层琼脂管内只加 0.1 mL 菌悬液、0.5 mL S-9 混合液,不加待测样品液。经 37 ℃培养 48 h 后观察。

在下层平板上长出的菌落表示为该菌自发回复突变后生成。记录并算出每组平皿菌落平均数/皿,以 R_c 表示。突变率计算公式为:

突变率=每皿诱变菌落平均数(R_t)/每皿自发回复突变菌落菌数(R_c)

只有突变率>2 时才认为样品属 Ames 实验阳性。当实验样品浓度达500 μg/皿仍未出现阳性结果时,便可报告该待测样品属 Ames 实验阴性。

对于阳性结果的样品,其实验结果尚需经统计分析,若计算计量与回变菌落之间有可重复的相关系数,经相关显著性检测,最后才能确认为阳性。

(2)阴性对照

为了说明样品本身确为 Ames 实验阳性而与配制的样品液使用的溶剂无关,

所以阴性对照物是采用配制样品时的溶剂,如水、二甲亚砜、乙醇等。

(3)阳性对照

进行样品测定的同时,可同时选用一种已知的化学物品代替样品做平行实验,将其结果与样品进行对照,可以看出实验的敏感度和可靠性。本实验以亚硝基胍和黄曲霉毒素 B_1 为例,说明实验进行的方法。亚硝基胍是常用的诱变剂,常引起DNA 碱基的置换。黄曲霉毒素 B_1 的诱变性能须经过细胞微粒体酶系的激活。这两种诱变剂的毒性很强,工作时应特别小心。

①亚硝基胍致突变效应的检测

取测试菌株一管接牛肉膏蛋白胨液体活化。37 ℃培养 16 h 后离心,将菌体用生理盐水洗涤 3 次,最后配制成浓度 $1 \times 10^9 \sim 2 \times 10^9$/mL 菌悬液备用。熔化下层培养基并倒入 6 套培养皿制成平板。用记号笔做好标记,做 1 μg、5 μg、10 μg 3种浓度,每浓度每菌重复 2 皿。取上层培养基管熔化并冷至 45 ℃左右,标记各管号。每管加一定量的测试菌的菌悬液混合液,迅速摇匀后,倒在底层平板上,待凝固后在每个培养皿中央放置 1 片无菌圆滤纸片。在 1、2 各皿滤纸上滴加浓度为50 μg/mL NTG 0.02 mL,同样在 3、4 各皿滤纸上滴加浓度为 250 μg/mL 的 NTG0.02 mL,在 5、6 各皿滤纸上滴加 500 μg/mL 的 NTG 0.02 mL,即终浓度为 1 μg、5 μg 和 10 μg。37 ℃培养 48 h 观察结果。评估结果时,要求与点滴法测样品时相同。

②黄曲霉毒素 B_1 致突变效应的检测

同样取 TA100 菌株经活化并制成浓度为 1×10^9/mL 的菌悬液备用。熔化下层培养基,制 4 个平板,标记 1～4 号。将上层培养基 4 管熔化,冷却至 45 ℃左右,每管加 0.1 mL 测试菌悬液,在 1、2 各管加浓度为 5 μg/mL 黄曲霉毒素 B_1 液 0.2mL(终浓度为 1 μg/皿),在 3、4 各管加 50 μg/mL 黄曲霉毒素 B_1 液 0.2 mL(最终浓度为 10 μg/皿),最后还用现配好的 S-9 混合液,并在 1、3 各管内加 0.5 mL,2、4各管内不加 S-9 混合液。将以上各成分迅速摇匀,倒在底层培养基上,37 ℃培养48 h,观察结果。

6.4.5　注意事项

(1)阳性对照实验中选用诱变剂的毒性很强,应特别小心,合理防护。

(2)待测样品致突变性检测:一定要在琼脂表面长出的回复突变菌落的下面衬有一层菌苔时,方能确认为 his$^+$ 回复突变菌落。

6.5　生长谱法测定微生物的营养需求

6.5.1　实验目的

学习并掌握用生长谱法测定微生物营养需要的基本原理和方法。

6.5.2　实验原理

为了使微生物生长、繁殖并产生有用的代谢产物,必须供给其生长所需要的碳源、氮源、无机盐、微量元素、生长因子等,如果缺少其中一种,微生物便不能生长。根据这一特性,可将微生物接种在一种只缺少某种营养物的完全合适的琼脂培养基中,倒成平板,再将所缺的这种营养物(例如各种碳源)点植于平板上,经适温培养,该营养物便逐渐扩散于植点周围。若该微生物生长需要此种营养物,便在这种营养物扩散处生长繁殖,出现圆形菌落圈,即生长圈,故此法称为生长谱法。这种方法可以定性、定量地测定微生物对各种营养物质的需要,在微生物育种和营养缺陷型的鉴定中也常用此法。

6.5.3　实验器材

无菌平板,无菌牙签,移液管,无菌水,记号笔;

合成培养基,木糖,葡萄糖,半乳糖,麦芽糖,蔗糖,乳糖;

大肠杆菌。

6.5.4　实验步骤

(1)将培养 24 h 的大肠杆菌斜面用无菌水洗下,制成菌悬液。

(2)将合成培养基约 20 mL,溶化后冷却至 50 ℃左右加入 1 mL 大肠杆菌菌悬液,摇匀,立即倾注于直径为 12 cm 的无菌培养皿中,待充分凝固后,在平板背面用记号笔划分为 6 个区,并注明要点植的各种糖类。

(3)用 6 根无菌牙签,分别挑取 6 种糖对号点植,糖粒大小如小米粒。

(4)将接种后的平板倒置于 37 ℃恒温箱中培养 18～24 h,观察各种糖周围有无菌生长。

6.5.5　注意事项

用牙签挑取糖时,一支牙签只能取一种糖,不能交叉使用。

6.5.6　实验结果

绘图表示生长情况。

6.6　乳酸发酵与乳酸菌饮料的制备

6.6.1　实验目的

(1)学习乳酸发酵和制作乳酸菌饮料的方法,了解乳酸菌的生长特性。
(2)了解常用食品微生物种类。

6.6.2　实验原理

乳酸菌饮料是一种以脱脂乳为原料,接种乳酸菌进行发酵,使其大量生酸,再加入适量糖制成浓饮料。饮用时可进一步稀释。该类饮料名称繁多,营养丰富,是一种值得开发的饮料。

6.6.3　实验器材

1. 菌种和培养基

嗜热乳酸链球菌(Streptococcus thervnophilus)、保加利亚乳酸杆菌(Lactobacillus casei),乳酸菌种也可以从市场销售的各种新鲜酸乳或酸乳饮料中分离,BCG 牛乳培养基、乳酸菌培养基。

2. 试剂

脱脂乳试管、脱脂乳粉或全脂乳粉、牛奶、蔗糖、碳酸钙。

3. 仪器与用品

恒温水浴锅、酸度计、高压蒸汽灭菌锅、均质机、超净工作台、培养箱、酸乳瓶（20～80 mL）、培养皿、试管、300 mL 三角瓶。

6.6.4 实验步骤

1. 乳酸菌的分离纯化

（1）分离

取市售新鲜酸乳或泡制酸菜的酸液稀释至 10^{-5}，取其中的 10^{-4}、10^{-5} 2 个稀释度的稀释液各 0.1～0.2 mL，分别接入 BCG 牛乳培养基琼脂平板上，用无菌涂布器依次涂布。或者直接用接种环蘸取原液平板划线分离，置 40 ℃ 培养 48 h，如出现圆形稍扁平的黄色菌落及其周围培养基变为黄色者初步定为乳酸菌。

（2）鉴别

选取乳酸菌典型菌落转至脱脂乳试管中，40 ℃ 培养 8～24 h。若牛乳出现凝固、无气泡、呈酸性，涂片镜检细胞杆状或链球状（两种形状的菌种均分别选入），革兰氏染色呈阳性，则可将其连续传代 4～6 次。最终选择出在 3～6 h 能凝固的牛乳管，作菌种待用。

2. 乳酸发酵及检测

（1）发酵

在无菌操作下将分离的 1 株乳酸菌接种于装有 300 mL 乳酸菌培养液的 500 mL 三角瓶中，40～42℃静置培养。

（2）检测

为了便于测定乳酸发酵情况，分 2 组实验。一组在接种培养后，每 6～8 h 取样分析，测定 pH。另一组在接种培养 24 h 后每瓶加入 $CaCO_3$ 3 g（以防止发酵液过酸使菌种死亡），每 6～8 h 取样，测定乳酸含量，记录测定结果。

3. 乳酸菌饮料的制作

（1）将脱脂乳和水以 1：（7～10）（W/V）的比例，同时加入 5％～6％蔗糖，充分混合、均质，于 80～85 ℃灭菌 10～15 min，然后冷却至 35～40 ℃，作为制作饮料的培养基质。

(2)将纯种嗜热乳酸链球菌、保加利亚乳酸杆菌及两种菌的等量混合菌液作为发酵剂,均以 2%～5% 的接种量分别接入以上培养基质中即为饮料发酵液,亦可以市售鲜酸乳为发酵剂。接种后摇匀,分装到已灭菌的酸乳瓶中,每一种菌的饮料发酵液重复分装 3～5 瓶,随后将瓶盖拧紧密封。

(3)把接种后的酸乳瓶置于 40～42 ℃恒温箱中培养 3～4 h。培养时注意观察,在出现凝乳后停止培养。然后转入 4～5 ℃的低温下冷藏 24 h 以上。经此后熟阶段,达到酸乳酸度适中(pH 4～4.5),凝块均匀致密,无乳清析出,无气泡,获得较好的口感和特有风味。

(4)以品尝为标准评定酸乳质量。采用乳酸球菌和乳酸杆菌等量混合发酵的酸乳与单菌株发酵的酸乳相比较,前者的香味和口感更佳。品尝时若出现异味,表明酸乳污染了杂菌。

4. 演示

(1)在 BCG 牛乳培养基琼脂平板上乳酸菌的黄色菌落典型特征和镜检细胞学特征。

(2)已发酵的乳酸菌饮料凝乳情况观察。

6.6.5　注意事项

(1)采用 BCG 牛乳培养基琼脂平板筛选乳酸菌时,注意挑取典型特征的黄色菌落,结合镜检观察,有利高效分离筛选乳酸菌。

(2)制作乳酸菌饮料,应选用优良的乳酸菌,采用乳酸球菌与乳酸杆菌等量混合发酵,使其具有独特风味和良好口感。

(3)牛乳的消毒应掌握适宜温度和时间,防止长时间采用过高温度消毒而破坏酸乳风味。

(4)作为卫生合格标准还应按卫生部规定进行检测,如 E. coli 群检测等。经品尝和检验,合格的酸乳应在 4 ℃条件下冷藏,可保持 6～7 d。

6.6.6　实验结果

(1)乳酸发酵过程、检测结果及结果分析。

(2)将发酵的酸乳品评结果记录于下表。

乳酸菌类	品评项目					结论
	凝乳情况	口感	香味	异味	pH	
球菌						
杆菌						
球菌杆菌混合(1∶1)						

6.7 青霉素效价的生物测定

6.7.1 实验目的

(1)掌握抗生素效价的生物测定方法。

(2)观察产黄青霉 As3.546 在 Jarvis 合成培养基中产生青霉素的规律。

6.7.2 实验原理

抗菌物质的微生物测定方法有稀释法、比浊法以及琼脂扩散法等。本实验采用国际上最普遍应用的琼脂平板扩散法来测定青霉素效价。它是将规格一定的不锈钢小管置于带菌琼脂平板上,管中加入被测液,在室温中扩散一定时间后放入温箱培养。在菌体生长的同时,被测液(抗生素)扩散到琼脂平板内,抑制或杀死周围菌体的生长,从而产生不长菌的透明的抑菌圈。在一定的范围内,抗菌物质的浓度(对数值)与抑菌圈直径(数学值)呈直线关系。因此,根据抑菌圈的大小,可以求出相应的抗菌物质的效价。

6.7.3 实验器材

1. 材料

金黄色葡萄球菌。

2.培养基与试剂

(1)传代用培养基

蛋白胨	5 g	K_2HPO_4	3.5 g
酵母膏	3 g	KH_2PO_4	1.32 g
牛肉膏	1.5 g	琼脂	18～20 g
葡萄糖	1 g	蒸馏水	1000 mL
NaCl	3.5 g	pH 7.0(灭菌后)	

金黄色葡萄球菌在上述培养基上传代保存。每 3 周传代 1 次。菌种在 37 ℃ 培养 18～20 h 后,置室温下 2～4 h,可使其产生良好的色素。菌种斜面保存于 0～ 4 ℃冰箱。应注意蛋白胨质量。

(2)生物测定用培养基

蛋白胨	6 g	琼脂	18～20 g
酵母膏	3 g	水	1000 mL
牛肉膏	15 g	pH6.5(灭菌后)	

生物测定时,培养皿内培养基分上下两层,上层培养基须另加 0.5％葡萄糖, 即每 100 mL 上层培养基中加入 50％葡萄糖溶液 1 mL。

(3)1％ pH 6 磷酸缓冲液

K2HPO₄	0.2 g(或 $K_2HPO_4 \cdot 3H_2O$ 0.253 g)		
KH_2PO_4	0.8 g	蒸馏水	100 mL

(4)其他试剂

0.85％ NaCl 溶液(生理盐水)、苄青霉素钠盐 1667 U/mg(即 1 国际单位等于 0.6 μg)。

3.仪器与用品

不锈钢小管(牛津小杯)[内径(6±1) mm,外径(8±0.1) mm,高(10±0.1) mm]、培养皿(直径 90 mm,深 20 mm,要求大小一致、皿底平坦)、离心机、光电比 色计、移液管、滴管、空试管、大口吸管等。

6.7.4 实验步骤

1.金黄色葡萄球菌悬液的制备

在传代琼脂培养基上连续培养 3～4 代(37 ℃,16～18 h/代)的金黄色葡萄球

菌,用 0.85％生理盐水洗下,离心沉淀,倾去上层清液,菌体沉淀再用生理盐水洗
1～2 次,最后将菌液稀释至 18 亿～21 亿/mL。或者用光电比色计测定,透光率为
20％(波长 650 nm)。

2. 青霉素标准溶液的配制

准确称取纯苄青霉素钠盐 15～20 mg,溶解在一定量的 pH 6 磷酸缓冲液内,
使成 2000 U/mL 的青霉素溶液。然后依次稀释,配制成 10 U/mL 青霉素标准工
作液。按表 6-2 加入青霉素标准溶液,以配制标准曲线中不同浓度的青霉素溶液。

表 6-2　绘制标准曲线用的不同浓度青霉素溶液配法

试管号	青霉素溶液浓度/(U/mL)	10 U/mL 青霉素溶液/mL	pH6 磷酸缓冲液/mL
1	0.4	0.4	9.6
2	0.6	0.6	9.4
3	0.8	0.8	9.2
4	1.0	1.0	9.0
5	1.2	1.2	8.8
6	1.4	1.4	8.6

注意:稀释时所用试管、移液管均需灭菌,缓冲溶液也需灭菌。1 U/mL 青霉
素溶液用量较大,应适量多配。

3. 青霉素标准曲线的制备

取灭菌培养皿 15 套(应选择大小一致,皿底平坦),每皿用大口吸管吸取已冷
至 45 ℃左右的下层培养基 21 mL。水平放置,待凝固之后,再加入含菌上层培养
基 4 mL,将培养皿来回倾侧,使含菌的上层培养基均匀分布。

上层培养基在使用前先冷却至 50 ℃左右,每 100 mL 培养基内加入 50％葡萄
糖溶液 1 mL 及金黄色葡萄球菌悬液 3～5 mL,充分摇匀,在 50 ℃水浴内放置
10 min 后使用。青霉素溶液的抑菌圈大小与上层培养基内菌体的浓度密切相关。
增加细菌浓度,抑菌圈就缩小。实验中加入菌体的量应控制在使 1 U/mL 青霉素
溶液的抑菌圈直径在 20～24 mm 之间。

待上层培养基完全凝固之后,在每个琼脂平板上轻轻地放置不锈钢小管 4 只,
小管之间的距离应相等。然后用带有橡皮头的滴管将青霉素标准溶液加于小管内

（见图 6-2）。培养皿内不同坡度的青霉素标准工作液的详细排列如图 6-3 所示。每一浓度作三皿重复。

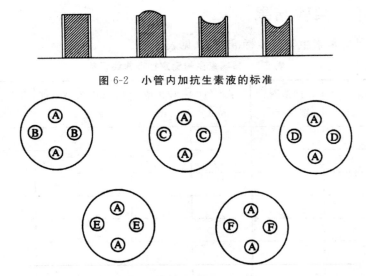

图 6-2　小管内加抗生素液的标准

图 6-3　用管碟法测定抗生素效价时，各剂量点位置的排列

A—标准曲线中参考点的青霉素剂量（1 U/mL）；

B～F—标准曲线中的其他剂量点，即 0.4、0.6、0.8、1.2 和 1.4 U/mL

青霉素溶液加毕后，换上陶盖，将培养皿移至 37 ℃ 恒温箱内培养 18～24 h 后，移去小管，精确地测量抑菌圈直径。

4. 青霉素发酵液效价的生物测定

根据发酵时间，用 1% pH 6 磷酸缓冲液将青霉素发酵液作适当稀释。每个被检样品用 3 套培养皿进行测定。青霉素标准工作液（1 U/mL）与检品的稀释液间隔地加于小管内。37 ℃ 培养 18～24 h 后，量取抑菌圈直径。

5. 青霉素发酵液效价的计算

（1）将青霉素标准工作液（1 U/mL）之抑菌圈的平均值（3 套培养皿）与标准曲线上 1 U/mL 之抑菌圈直径进行校正，以求取校正数。

（2）将此校正数校正检品的抑菌圈直径，求得检品抑菌圈直径的校正值。

(3)将此校正值在标准曲线上查得检品稀释液的青霉素效价。

(4)将检品的稀释液的效价乘以检品的稀释倍数,就得检品(青霉素发酵液原液)的效价。

6.7.5 实验结果

(1)记录青霉素生物测定标准曲线(见表6-3)。

表6-3 青霉素生物测定标准曲线记录

皿号	青霉素浓度 (U/mL)	抑菌圈 直径/mm	平均值 /mm	校正值 /mm	1U/mL 青霉素抑 菌圈直径/mm	平均值 /mm	校正值 /mm
1							
2	0.4						
3							
4							
5	0.6						
6							
7							
8	0.8						
9							
10							
11	1.2						
12							
13							
14	1.4						
15							
1 U/mL 青霉素抑菌圈总平均值＝　　　mm							

计算:①算出各组(即各剂量点)抑菌圈平均值;②算出各组 1 U/mL 的抑菌圈平均值;③算出 15 套培养皿中 1 U/mL 的抑菌圈总平均值;④以 1 U/mL 抑菌圈的总平均值来校正各组的 1 U/mL 抑菌圈的平均值,求得各组的校正数。

（2）记录青霉素发酵液效价的生物测定结果（见表 6-4）。

表 6-4　青霉素发酵液效价的生物测定记录表

皿号	发酵时间	稀释倍数	样品稀释液抑菌圈直径/mm	平均值/mm	校正值/mm	效价/(U/mL)	发酵液效价/(U/mL)	1 U/mL 标准青霉素抑菌圈直径/mm	平均值	校正数
1										
2										
3										
4										
5										
6										
7										
8										
9										
10										
11										
12										
13										
14										
15										
16										
17										
18										
19										
20										
21										
22										

年　　　　　　　月　　　　　　　日

6.8 免疫血清的制备

6.8.1 实验目的

了解动物免疫方法,学习抗原与抗体的制备。

6.8.2 实验原理

用人工的方法将微生物或其某种成分与产物注入机体,就可能刺激机体产生相应的抗体。凡是注入机体内能够刺激抗体形成,并与该抗体产生明显反应的物质,称为抗原。在机体内产生与该抗原产生特异性反应的物质称为抗体。由于抗原与抗体反应有非常高的专一性,因而被广泛应用于多种疾病的诊断、细菌、病毒与动、植物的分类及其成分鉴定。这里以苏云金杆菌分类研究的血清学方法为例,介绍实验的步骤和方法。

6.8.3 实验器材

1. 菌种和实验动物

苏云金芽孢杆菌库斯塔克亚种（Bacillus thuring iensis sp. kurstaki）H_{3a3b}、健康雄性家兔（体重 2.5～3.5 kg）。

2. 试剂

0.3％甲醛盐水（用生理盐水配）、0.85％生理盐水、5％叠氮钠、0.5％石炭酸生理盐水。

3. 仪器与用品

乙醇棉花、碘酒棉花、消毒干棉花、灭菌吸管、毛细滴管、小试管、大试管与离心管、2 mL 和 20 mL 注射器、9 号与 7 号针头、灭菌细口瓶、离心机等。

6.8.4　实验步骤

1.抗原的制备

(1)H 抗原的制备

将苏云金杆菌接种于半固体斜面培养基上活化 2～3 代,随即接种到盛有 50 mL肉汤培养液的 250 mL 三角瓶中,8 层纱布包口后置摇床上,30 ℃振荡培养 5～8 h。经显微镜检查细胞正常、运动活跃,便立即离心收集菌体,沉降的菌体悬浮于 0.3%甲醛生理盐水中,使菌体浓度为 $5×10^8$ 个细胞/mL,放冰箱保存备用。

(2)O 抗原的制备

将离心沉降的菌体悬浮于少量的 0.5%石炭酸生理盐水中,再加等量的无水酒精混合置冰箱过夜,然后用生理盐水稀释成 $5×10^8$ 个细菌/mL,放冰箱备用。

2.免疫血清的制备

(1)动物的免疫方法

选择 2.5 kg 左右的健康家兔,将其放在家兔固定箱内或请助手将兔按住在桌上不动,一手轻扶耳根,然后在耳外侧边缘静脉处,先用碘酒棉花,后用乙醇棉花涂擦消毒,并使静脉扩张。用经煮沸消毒(每次煮 10～15 min)的注射器及 7 号针吸取菌液,沿耳静脉平行方向刺入静脉。如针头确在静脉内,注入材料时容易推进,同时可观察到血管颜色变白。若不易推进,而且局部有隆起时,则表示针头不在血管中,应重新注射。注射完毕在拔出针头前,先用棉球按住注射处,然后拔出针头,并继续压迫片刻,以防止血流溢出。注射剂量与日程如表 6-5 所示。

表 6-5　抗体制备的日程表

注射日期	菌液	注射剂量/mL	注射途径
第 1 日	死菌	0.3	静脉
第 3 日	死菌	0.5	静脉
第 6 日	死菌	1.0	静脉
第 9 日	死菌	1.5	静脉
第 12 日	死菌	2.0	静脉
第 19,22 日	采血少量(1mL)分离出血清,如凝集效价达 1：2000 以上则停止动物进食,以无菌手续大量采血		

耳静脉注射是每隔 2～3 d 注射菌液一次,共 5 次,末次注射后 7～10 d 采血,如凝集效价达 1:2000 以上则停止动物进食,以无菌手续大量采血。

(2)采血与分离血清

①颈动脉放血法。将兔子仰卧固定其四肢,颈部剪毛消毒,在前颈部皮肤纵切开 10 cm 左右,用止血钳将皮分开夹住,剥离皮下组织后露出肌层,用刀柄加以分离即可见搏动的颈动脉。将颈动脉与迷走神经剥离长约 5 cm,用止血钳夹住血管壁周围的筋膜,远心端用丝线结扎,近端用动脉钳夹住。然后用酒精棉球消毒血管周围的皮肉,用无菌剪刀剪一"V"形缺口(约为血管断面的 1/2,切不可将血管全部剪断)。取长 15 cm 直径 1.6 mm 的塑料管,将一端剪成针头样斜面并插入颈动脉中,用丝线将此管结扎固定动脉上,另一端放入无菌试管或无菌茄子瓶中,然后松开动脉夹,血液即流入瓶中,直至动物死亡,无血液流出为止。一般 2500 g 家兔可放血 80～120 mL。

②以无菌的滴管吸取血清置无菌离心管中,离心沉淀除去红细胞,取上清液置无菌试管中,此即免疫血清,测其效价。

③在分离所得血清中徐徐加入 5% 叠氮钠防腐,使其最后浓度为 0.05%～0.1%。分装血清于试管或安瓿瓶中,并标明血清名称,凝集效价及制备日期,保存于冰箱中备用。

第 7 章　微生物学应用性实验

　　微生物学应用性实验实用性较强,能大大提高学生的实验兴趣,从而达到增强学生动手能力的效果。本章主要研究抗生素抗菌谱及抗生菌的抗药性测定、空气中微生物的检测、紫外线对枯草芽孢杆菌产淀粉酶的诱变效应、活性污泥脱氢酶活性的测定、废水中生化需氧量(BOD)的测定、酚降解菌的分离与纯化及高效菌株的选育,以及免疫沉淀、免疫凝集反应的测定。

7.1　抗生素抗菌谱及抗生菌的抗药性测定

7.1.1　实验目的

学习抗生素抗菌谱的测定方法,了解常见抗生素的抗菌谱。

7.1.2　实验原理

　　抗生素是由微生物或高等动植物在生活过程中所产生的具有抗病原体或其他活性的一类次级代谢产物,能干扰其他生活细胞的发育功能。目前临床常用的抗生素有微生物培养液提取物及用化学方法合成或半合成的化合物。

　　抗生素抗菌谱的测定有稀释法和扩散法等。管碟法是扩散法中的一种。管碟法抗生素效价测量是以抗生素对微生物的抗菌效力作为效价的衡量标准,具有与应用原理相一致、用量少和灵敏度高等优点,抗生素在菌层培养基中扩散时,会形成抗生素浓度由高到低的自然梯度,即扩散中心浓度高而边缘浓度低。因此,当抗生素浓度达到或高于 MIC(最低抑制浓度)时,实验菌就被抑制而不能繁殖,从而呈现透明的抑菌圈。根据扩散定律的推导,抗生素总量的对数值与抑菌圈直径的平方呈线性关系。

7.1.3 实验器材

1.菌种与培养基

金黄色葡萄球菌(Staphylococcus aureus)、大肠杆菌(Escherichia coli)斜面菌种(野生株及不同抗药程度的抗链霉素菌株 3 株);牛肉膏蛋白胨培养基斜面。

2.仪器及用具

供试抗生素:氨苄西林、氯霉素、卡那霉素、链霉素和四环素。恒温培养箱、镊子、圆滤纸片(直径为 8.5 mm)或牛津杯、培养皿(直径 12 cm)。

7.1.4 实验步骤

1.供试菌的培养基制备及培养

金黄色葡萄球菌(代表革兰氏阳性菌)和大肠杆菌(代表革兰氏阴性菌)接种在牛肉膏蛋白胨琼脂斜面上,置 37 ℃下培养 18～24 h,取出后用 5 mL 无菌水洗下,制成菌悬液备用。

2.配制所需浓度的抗生素

各抗生素分别配制成以下浓度:氨苄西林 100 μg/mL(溶于水),氯霉素 200 μg/mL(溶于乙醇),卡那霉素 100 μg/mL(溶于水),链霉素 100 μg/mL(溶于水),卡那霉素 100 μg/mL(溶于水),四环素 100 μg/mL(溶于乙醇),配制好的溶液经 0.45 μm 滤膜无菌过滤后备用。

3.抗生素抗菌谱的测定

采用液体扩散法,分别吸取供试菌悬液 0.5 mL 加在牛肉膏蛋白胨琼脂平板上,用无菌涂布棒涂布均匀(每个学生 2 个平板,一个涂布大肠杆菌,另一个涂布金黄色葡萄球菌),待平板表面液体渗干后,在皿底用记号笔分成 6 等份,每一等份标明一种抗生素(见图 7-1),设无菌水作为对照,用滤纸片法或管碟法测定。

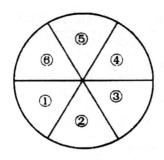

图 7-1　抗生素抗菌谱的测定示意

①—氨苄青霉素;②—氯霉素;③—卡那霉素;④—链霉素;⑤—四环素;⑥—无菌水

具体方法:用无菌镊子将滤纸片浸入上述抗生素溶液中,取出,并在瓶内壁除去多余的药液,以无菌操作将纸片对号转放到接好供试菌平板的小区内,或将牛津杯置于供试菌的平板上,加入一定量的抗生素溶液,置 37 ℃,培养 18～24 h,测定抑菌圈的直径,用抑菌圈的大小来表示抗生素的抗菌谱。

4. 抗生素的抗药性测定

(1)制备链霉素药物平板

取 4 套无菌培养皿,皿底标记编号,从链霉素溶液(100 μg/mL)中,分别吸出 0.2 mL、0.4 mL、0.6 mL 和 0.8 mL。加至以上培养皿中,倒入冷却至 50 ℃熔化的牛肉膏蛋白胨培养基中,迅速混匀,制成药物平板,待凝后在每个培养皿的皿底划分成 4 份,并注明 1～4 号,备用。

(2)抗药性测定

在以上 1～3 号空格上分别接上不同抗药程度的抗链霉素菌株 3 株,在 4 号接入野生型菌株作为对照,37 ℃培养 24 h 后观察菌生长情况,并记录。以"+"表示生长,以"-"表示不生长。

7.1.5　注意事项

(1)供试菌液涂布于平板后,待菌液稍干再加入滤纸片或牛津杯。

(2)制备药物平板时,注意把药物与培养基充分混匀。

7.1.6　实验结果

(1)将抗生素的抗菌结果填入表 7-1。

表 7-1　各种抗生素的抗菌效果

抗生素	抗菌谱(抑菌圈直径/mm)		作用机制
	金黄色葡萄球菌	大肠杆菌	
氨苄西林			
链霉素			
卡那霉素			
氯霉素			
四环素			
对照(无菌水)			

（2）根据以上结果说明供试抗生素的抗菌谱。

（3）记录不同大肠杆菌的抗药性测定结果。

7.2　空气中微生物的检测

7.2.1　实验目的

了解一定环境空气中微生物的数量,学习并掌握空气中微生物检测的基本方法。

7.2.2　实验原理

大气中由于气流、尘埃、水雾的流动,人与动物的活动,以及植物体表的脱落物的影响等,使空气常被微生物污染。被微生物污染的空气,是人类和动物呼吸道传染病及某些植物病害的可能传播途径。因此,了解并检测空气微生物的数量,对人、畜保健,防治农作物病害等,是十分必要的。

检测空气中微生物常用方法有滤过法和自然沉降法两种。前者虽繁琐但准确度相对较高,后者方法简便,而准确度低。

其原理是:滤过法是使一定体积的空气通过一定体积的某种无菌吸附剂(常为无菌水)后,用平板计数法测定该环境中空气受污染的微生物数量。自然沉降法是将盛有营养琼脂的平皿置于检测的空气中,暴露一定时间后,经培养计数菌落而推算出微生物的数量。

7.2.3　实验器材

牛肉膏蛋白胨琼脂培养基,高氏Ⅰ号培养基,豆芽汁蔗糖琼脂培养基(临用前按 0.3% 加入灭菌乳酸)。含 50 mL 无菌水的三角瓶,无菌水管 1 支,5000 mL 放水瓶 1 个或 250 mL、500 mL 生理盐水瓶,无菌培养皿,无菌吸管,无菌刮铲,无菌漏斗等。

7.2.4　实验步骤

1. 滤过法

(1)仪器准备

依图 7-2 或图 7-3 安装滤过装置。

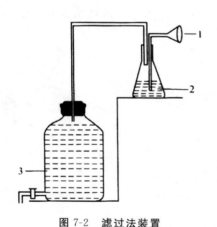

图 7-2　滤过法装置

1—空气入口;2—无菌水瓶;3—抽滤瓶

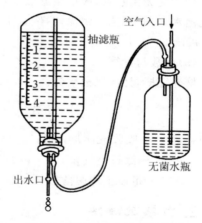

图 7-3　"便携式空气采样器"
装置示意

①依图 7-2 装置好滤过系统,于放水瓶中准确放入 4 L 自来水。

②依图 7-3 安装好"便携式空气采样器"。此装置适于野外多点采样用。其制作方法简介如下所术。

用 500 mL 生理盐水空瓶一个装入定量自来水,于胶塞上分别插入医用 16 号采血针头和 12 号穿刺针头(外端连接带有调节水夹的 0.5 cm 乳胶管一段,长约

20 cm)各一枚,此即作为空气抽滤瓶用;另用 250 mL 生理盐水瓶一个,同法于胶塞上插入医用 14 号采血针头和 12 号穿刺针头各一枚,瓶内装水 50 mL,包扎灭菌备用,此即为空气接收瓶。临用时,将两瓶 0.5 cm 乳胶管(长 40～50 cm)相连,打开流水调节夹使水流出。即可准确无误地进行定量空气的采样。

(2)菌悬液制备

开启滤过系统放水瓶下端的活塞,使自来水均匀缓慢地流出,以产生负压,使空气通过无菌漏斗口进入无菌水三角瓶中。当放水瓶中自来水准确流净后,立即关闭活塞。也可使用抽气泵抽气,以 10 L/min 的速度抽滤空气。使空气微生物细胞和孢子进入无菌水成菌悬液。

(3)制平板

取已融化的 3 种待测菌培养基,分别制成平板(每种重复两皿),加对照平板一个。等其冷凝,并编号。

(4)接种培养

用 1 支无菌吸管,吸取菌悬液于每副皿中,滴加 0.05 mL(一滴),对照皿(CK)用无菌水接种,无菌刮铲涂匀,倒置于 28～30 ℃下培养。一般细菌 2 d,放线菌5～7 d,霉菌 3～4 d。

(5)测数与计算

培养完毕,计各皿菌落数。

$$菌数(个/L) = \frac{20N \times V_s}{V_a}$$

式中　V_s——吸收液体量,mL;

　　　V_a——滤过空气量,L;

　　　N——每皿平均菌落数。

2. 自然沉降法

(1)制平板

取已融化的 3 种待测菌培养基,分别制成平板(每种重复 5 皿),并编号。

(2)自然接种

取已编号的各皿,分别暴露于待测空气中 5 min、10 min;设空白对照皿 1 个,但不能打开。

(3)培养

将皿倒置于 28～30 ℃下,按各类菌所需培养时间进行培养后,检查结果。

（4）测数与计算

计出各皿菌落数，再计算之。苏联土壤微生物学者奥梅梁斯基（Omeilianski）曾认为，如面积为 100 cm² 的平板培养基，在空气中暴露 5 min，经 37 ℃培养 24 h 后所生长的菌落数，相当于 10 L 空气中的细菌数，据此可按下式计算空气被菌污染的情况：

$$x = \frac{N \times 10}{\pi r^2}$$

式中　x——每升空气中菌数；

　　　N——平板中的菌落数；

　　　r——平皿底半径，cm。

7.2.5　实验结果

（1）列表 7-2 记录所测结果。

表 7-2　污染空气中的微生物数量

检测地点	处理方式		菌落数/(个/皿)		
			细菌	放线菌	霉菌
	沉降法	5 min			
		10 min			
	滤过法				

（2）分别计算两种测定方法的结果。

7.3　紫外线对枯草芽孢杆菌产淀粉酶的诱变效应

7.3.1　实验目的

（1）学习并掌握物理诱变育种的方法。

（2）观察紫外线对枯草芽孢杆菌产生淀粉酶的诱变效应。

（3）学习并掌握诱变后存活率及致死率的计算。

(4)学习透明圈和菌落直径大小及 HC 比值计算。

7.3.2　实验原理

　　一般用于诱变育种的物理因子有紫外线、^{60}Co γ 射线和高能电子流 β 射线等。物理诱变因子中以紫外线辐射的使用最为普通,其他物理诱变因子则受设备条件的限制,难以普及。紫外线作为物理诱变因子用于工业微生物菌种的诱变处理具有悠久的历史,尽管几十年来各种新的诱变剂不断出现和被应用于诱变育种,但到目前为止,对于经诱变处理后得到的高单位抗生素产生的菌种中,有 80% 左右是通过紫外线诱变后筛选而获得的。因此,对于微生物菌种选育工作者来说,还是应该首先考虑紫外线作为诱变因子。

　　紫外线的波长在 200~380 nm 之间,但对诱变最有效的波长仅仅是在 253~265 nm,一般紫外线杀菌灯所发射的紫外线波长大约有 80% 是 254 nm。紫外线诱变的主要生物学效应是由于 DNA 变化而造成的,DNA 对紫外线有强烈的吸收作用,尤其是碱基中的嘧啶,它比嘌呤更为敏感。紫外线引起 DNA 结构变化的形式很多,如 DNA 链的断裂、碱基破坏。但其最主要的作用是使同链 DNA 的相邻胸腺嘧啶间形成胸腺嘧啶二聚体,阻碍碱基间的正常配对,从而引起微生物突变或死亡。经紫外线损伤的 DNA,能被可见光复活,因此,经诱变处理后的微生物菌种要避免长波紫外线和可见光的照射,故经紫外线照射后样品需用黑纸或黑布包裹。另外,照射处理后的细胞悬液不要贮放太久,以免突变被修复。

7.3.3　实验器材

1.菌种及培养基

枯草芽孢杆菌(Bacillus subtilis)、牛肉膏蛋白胨固体培养基、淀粉培养基。

2.主要药品

可溶性淀粉、碘液。

3.主要器皿

培养皿、试管、涂布棒、移液管、锥形瓶、量筒、烧杯、20 W 紫外灯、磁力搅拌器、离心机和卡尺等。

7.3.4　实验步骤

1. 诱变

(1)菌悬液的制备

取于 37 ℃培养 24 h 的枯草芽孢杆菌斜面 3～5 支,用 10 mL 生理盐水将菌苔洗下,并倒入灭菌的盛有玻璃珠的锥形瓶中,强烈振荡 10 min,以分散菌体细胞,离心(3000 r/min)15 min,弃上清液,将菌体用无菌生理盐水洗涤 2 次。制成菌悬液。用血球计数板在显微镜下直接计数,调整细胞浓度为 10^8 CFU/mL。

(2)平板制作

将淀粉琼脂培养基熔化后,冷却至 45 ℃左右倒入平板,凝固后待用。

(3)诱变处理

①预热

正式照射前开启紫外灯预热 10 min,使紫外线强度稳定。

②搅拌与照射

取制备好的菌悬液 3 mL,移入放有磁力搅拌棒的 6 cm 无菌平皿中,置于磁力搅拌器上,放置 20 W 紫外灯下 30 cm 处,打开磁力搅拌器开关使菌液旋转,然后打开平皿盖,边搅拌边照射,分别照射 1 min、2 min 和 3 min,可以累积照射,也可分别照射不同时间。

2. 稀释涂平板

在红灯下分别取未照射的菌悬液(作为对照)和不同照射时间的菌悬液各 0.5 mL 稀释成稀释度为 10^{-1}～10^{-6},选取稀释度为 10^{-4}、10^{-5} 和 10^{-6} 稀释液各 0.1 mL,涂于淀粉培养基平板上,每个稀释度涂 3 个平板,用无菌涂布棒涂匀,倒置用黑布包好的平板上,于 37 ℃培养 48 h。注意在每个平板背面要标明处理时间、稀释度、组别和座位号。

3. 菌落计数和 HC 值测定

将培养 48 h 后的平板取出,进行细菌菌落计数。根据平板上菌落数分别计算出对照组和样品 1 mL 菌液中的活菌数。在平板菌落计数后,分别向菌落数在 5 个左右的平板内加碘液数滴,在菌落周围将出现透明圈。分别测量透明圈与菌落直径并计算比值(HC 值),与对照组平板菌落进行比较,观察紫外线对枯草芽孢杆菌产淀粉酶诱变的效应。

7.3.5 注意事项

(1)被紫外线损伤的微生物 DNA 在可见光的作用下可被光解酶修复,因此,采用紫外线诱变处理及后续操作需在暗室的红灯下进行,以避免长波紫外线和可见光的照射,并将涂布菌液的平皿用黑纸或黑布包裹后培养。

(2)淀粉培养基在配制时,应先把淀粉用少量蒸馏水调成糊状,再加入到熔化好的培养基中。

(3)紫外线诱变一般采用 15 W 或 30 W 的紫外灯,照射距离为 20~30 cm,照射时间因菌种而异,一般为 1~3 min,死亡率控制在 50%~80%为宜。

(4)被照射处理的细胞必须是均匀分散的单细胞悬浮液状态,以利于均匀接触诱变剂,并可减少不纯种的出现。同时,对于细菌细胞的生理状态则要求培养至对数期为最好。

7.3.6 实验结果

$$存活率 = \frac{处理后\ 1\ mL\ 菌液活菌数}{对照组\ 1\ mL\ 菌液活菌数} \times 100\%$$

$$致死率 = \frac{处理后\ 1\ mL\ 菌液活菌数 - 处理后\ 1\ mL\ 菌液中活菌数}{对照组\ 1\ mL\ 菌液中活菌数} \times 100\%$$

存活率和致死率的计算选用平板菌落计数在 30~300 之间的稀释度。

(1)记录实验过程并将上述实验结果分别填入表 7-3 和表 7-4 中。

表 7-3 紫外线处理后枯草芽孢杆菌的存活率和致死率

照射时间/min	10^{-4}(平均值)	10^{-5}(平均值)	10^{-6}(平均值)	存活率/%	致死率/%
1					
2					
3					
对照组					

表 7-4　透明菌和菌落直径及 HC 比值

照射时间/min	1			2			3			4			5		
	透明菌	菌落直径	HC比值	透明菌	菌落直径	HC比值	透明菌	菌落直径	HC比值	透明菌	菌落直径	HC比值	透明菌	菌落直径	HC比值
1															
2															
3															
对照组															

(2)结合本实验观察紫外线对枯草芽孢杆菌产淀粉酶的诱变效应并进行结果分析。

7.4　活性污泥脱氢酶活性的测定

7.4.1　实验目的

了解活性污泥脱氢酶活性测定的原理及方法。

7.4.2　实验原理

有机物在生物处理构筑物中的分解,是在酶的参与下实现的,在这些酶中脱氢酶占有重要的地位,因为有机物在生物体内的氧化往往是通过脱氢来进行的。活性污泥中脱氢酶的活性与水中营养物浓度成正比,在处理污水的过程中,活性污泥脱氢酶活性的降低,直接说明了污水中可利用物质营养浓度的降低。此外,由于酶是一类蛋白质,对毒物的作用非常敏感,当污水中有毒物存在时,会使酶失活,造成污泥活性下降。在生产实践中,我们常常在设置对照组,消除营养物浓度变化影响因素的条件下,通过测定活性污泥在不同工业废水中脱氢酶活性的变化情况来评价工业废水成分的毒性,评价对不同工业废水的生物可降解性。

脱氢酶是一类氧化还原酶,它的作用是催化氢从被氧化的物体(基质 AH)中转移到另一个物体(受氢体 B)上:

$$AH+B \Longleftrightarrow A+BH$$

为了定量地测定脱氢酶的活性,常通过指示剂的还原变色速度来确定脱氢过程的强度。常用的指示剂有 2,3,5-三苯基四氮唑氯化物(TTC)或亚甲蓝,它们在从氧化状态接受脱氢酶活化的氢而被还原时具有稳定的颜色,我们可通过比色的方法,测量反应后的颜色来推测脱氢酶的活性,如 TTC(无色)、TF(红色)。

7.4.3 实验器材

1.仪器及用具

72 型分光光度计、恒温水浴锅、离心机(4000 r/min)、15 mL 离心管、移液管、黑布罩等。

2.试剂

(1)Tris-HCl 缓冲液(0.05 mol/L):称取三羟甲基氨基甲烷 6.037 g,加 1.0 mol/L HCl 20 mL,溶于 1 L 蒸馏水中,pH 为 8.4。

(2)氯化三苯基四氮唑(TTC)(0.2%~0.4%):称取 0.2 g 或 0.4 g TTC 溶于 100 mL 蒸馏水中,即成 0.2%~0.4%的 TTC 溶液(每周新配)。

(3)亚硫酸钠(0.36%):称取 0.3657 g 亚硫酸钠溶于 100 mL 蒸馏水中。

(4)丙酮(或正丁醇及甲醇)(分析纯)。

(5)连二亚硫酸钠、浓硫酸。

(6)生理盐水(0.85%):称取 0.858 g NaCl,溶于 100 mL 蒸馏水。

7.4.4 实验步骤

1.标准曲线的制备

(1)配制 1 mg/mL TTC 溶液:称取 50.0 mg TTC,置于 50 mL 容量瓶中,以蒸馏水定容至刻度线。

（2）配制不同浓度 TTC 溶液：从 1 mg/mL TTC 溶液中分别吸取 1 mL、2 mL、3 mL、4 mL、5 mL、6 mL、7 mL 放入每个容积为 50 mL 的一组容量瓶中，以蒸馏水定容至 50 mL，各瓶中 TTC 浓度分别为 20 μg/mL、40 μg/mL、60 μg/mL、80 μg/mL、100 μg/mL、120 μg/mL、140 μg/mL。

（3）每支带塞离心管内加入 Tris-HCl 缓冲液 2 mL＋2 mL 蒸馏水＋1 mLT-TC 溶液（从低浓度到高浓度依次加入）；对照管加入 2 mL Tris-HCl 缓冲液＋3 mL蒸馏水，不加入 TTC，所得每支离心管 TTC 含量分别为 20 μg、40 μg、60 μg、80 μg、100 μg、120 μg、140 μg。

（4）每管各加入连二亚硫酸钠 10 g，混合，使 TTC 全部还原，生成红色的 TF。

（5）在各管加入 5 mL 丙酮（或正丁醇和甲醇），抽提 TF。

（6）在分光光度计上，于 485 nm 波长下测光密度，测绘标准曲线。

2.活性污泥脱氢酶活性的测定

（1）活性污泥悬浮液的制备：取活性污泥混合液 50 mL，离心后弃去上清液，再用 0.85％生理盐水（或磷酸盐缓冲液）补足，充分搅拌洗涤后，再次离心弃去上清液；如此反复洗涤 3 次后再以生理盐水稀释至原来体积备用。以上步骤有条件时可在低温（4 ℃）下进行，生理盐水也预先冷至 4 ℃。

（2）在 3 组（每组 3 支）带有塞的离心管内分别加入下表所列材料与试剂。

组别	活性污泥悬浮液/mL	Tris-HCl 缓冲液/mL	Na$_2$SO$_3$ 液/mL	污水/mL	TTC 溶液/mL	蒸馏水/mL
1	2	1.5	0.5	0.5	0.5	
2	2	1.5	0.5		0.5	0.5
3	2	1.5	0.5			0.5

（3）样品试管摇匀后置于黑布袋内，立即放入 37 ℃恒温水浴锅内，并轻轻摇动，记下时间。反应时间依显色情况而定（一般采用 10 min）。

（4）对照组试管，在加完试剂后立即加入一滴浓硫酸。另两组试管在反应结束后各加一滴浓硫酸终止反应。

（5）在对照管与样品管中各加入丙酮（或正丁醇和甲醇）5 mL，充分摇匀，放入 90 ℃恒温水浴锅中抽提 6～10 min。

（6）4000 r/min，离心 10 min。

（7）取上清液在 485 nm 波长下比色，光密度 OD 读数应在 0.8 以下，如颜色太深应以丙酮稀释后再比色。

（8）标准曲线上查 TF 的产生值，并算得脱氢酶的活性。

7.4.5　注意事项

在活性污泥悬浮液的制各过程中，防止温度过高，有条件可在低温（4 ℃）下进行，生理盐水也预先冷至 4 ℃。

7.4.6　实验结果

1. 标准曲线的制备

将标准曲线测定时的数值填入表 7-5 中。再根据表中数据以 TTC 为横坐标，OD 值为纵坐标绘制标准曲线。

表 7-5　标准曲线 OD 实测值

TTC/μg	OD 值			
	1	2	3	4
20				
40				
60				
80				
100				
120				
140				

2. 活性污泥脱氢酶活性的测定

（1）将样品组的 OD 值（平均值）减去对照组 OD 值后，在标准曲线上查 TF 的产生值。

（2）算得样品组（加基质与不加基质）的脱氢酶活性 X［以产生 μg/（mL 活性污泥·h）表示］。

$$X[TF\mu g/(mL \text{ 活性污泥} \cdot h)] = A \times B \times C$$

式中　X——脱氢酶活性；
　　　A——标准曲线上读数；
　　　B——为反应时间校正＝60min/实际反应时间；
　　　C——比色时稀释倍数。

7.5　废水中生化需氧量(BOD)的测定

7.5.1　实验目的

(1)理解生化需氧量(BOD)的含义。
(2)了解水样预处理的原理与处理方法。
(3)掌握 BOD$_5$ 的测定原理及操作方法。

7.5.2　实验原理

生化需氧量(Biochemical Oxygen Demand,BOD)是一种环境监测指标,主要用于监测水体中有机物的污染状况。一般有机物都可以被微生物所分解,但微生物分解水中的有机化合物时需要消耗氧,如果水中的溶解氧不能满足微生物的需要,水体就处于污染状态。

BOD 的定义:在规定的条件下,微生物分解存在水中的某些可氧化物质(特别是有机物)所进行的生物化学过程所消耗的溶解氧量。该过程进行的时间很长,如在 20 ℃培养条件下,全过程需 100 d,根据目前国际统一规定,在(20±1)℃的温度下,培养 5 d,分别测定样品培养前后的溶解氧量,二者之差即为 5d 生化需氧量,记为 BOD$_5$,其单位用"mg/L"表示。数值越大,证明水中含有的有机物越多,因此污染也越严重。

对某些地面水及大多数工业废水,因含较多的有机物,需要稀释后再培养测定,以降低其浓度和保证有充足的溶解氧。稀释的程度应使培养中所消耗的溶解氧大于 2 mg/L,而剩余溶解氧在 1 mg/L 以上。

为了保证水样稀释后有足够的溶解氧,稀释水通常要通入空气(或通入氧气)进行曝气,以使稀释水中溶解氧接近饱和。稀释水中还应加入一定量的无机营养盐和缓冲物质(磷酸盐、钙、镁和铁盐等),以保证微生物生长的需要。

对于不含或含少量微生物的工业废水,其中包括酸性废水、碱性废水、高温废水或经过氯化处理的废水,在测定 BOD_5 时应进行接种,以引入能分解废水中有机物的微生物。当废水中存在着难以被一般生活污水中的微生物以正常速度降解的有机物或含有剧毒物质时,应将驯化后的微生物引入水样中进行接种。

7.5.3 实验器材

1. 实验材料

生活废水或其他废水。

2. 实验试剂

(1)磷酸盐缓冲液。将 8.5 g 磷酸二氢钾(KH_2PO_4)、21.75 g 七水磷酸氢二钾($K_2HPO_4 \cdot 7H_2O$)、33.4 g 七水磷酸氢二钠($Na_2HPO_4 \cdot 7H_2O$)和 1.7 g 氯化铵(NH_4Cl)溶于水中,稀释至 1000 mL。此溶液的 pH 应为 7.2。

(2)硫酸镁溶液。将 22.5 g 七水硫酸镁($MgSO_4 \cdot 7H_2O$)溶于水中,稀释至 1000 mL。

(3)氯化钙溶液。将 27.5 g 无水氯化钙溶于水,稀释至 1000 mL。

(4)氯化铁溶液。将 0.25 g 六水氯化铁($FeCl_3 \cdot 6H_2O$)溶于水,稀释至 1000 mL。

(5)盐酸溶液(0.5 mol/L)。将 40 mL($\rho = 1.18$ g/mL)盐酸溶于水中,稀释至 1000 mL。

(6)氢氧化钠溶液(0.5 mol/L)。将 20 g 氢氧化钠溶于水,稀释至 1000 mL。

(7)亚硫酸钠溶液(0.025 mol/L)。将 1.575 g 亚硫酸钠溶于水,稀释至 1000 mL。此溶液不稳定,需在使用当天配制。

(8)稀释水。在 5～20 L 玻璃瓶内装入一定量的水,控制水温在 20 ℃ 左右。然后用无油空气压缩机或薄膜泵,将此水曝气 2～8 h,使水中的溶解氧接近于饱和,也可以鼓入适量纯氧。瓶口盖以两层经洗涤晾干的纱布,置于 20 ℃ 培养箱中放置数小时,使水中溶解氧达 8 mg/L 左右。临用前于每升水中加入氯化钙溶液、氯化铁溶液、硫酸镁溶液、磷酸盐缓冲液各 1 mL,并混合均匀。稀释水的 pH 应为 7.2,其 BOD_5 应小于 0.2 mg/L。

3. 仪器设备

生化培养箱、1000 mL 量筒、250 mL 溶解氧瓶或具塞试剂瓶 2～6 个、50 mL 滴定管 2 支、1 mL 移液管 3 支、25 mL 和 100 mL 移液管各 1 支、250 mL 碘量瓶 2 个。

7.5.4　实验步骤

1.水样预处理

(1)水样的 pH 应保证在 6.5～7.5 之间,超出此范围时可用盐酸或氢氧化钠溶液调节 pH 接近于 7,但用量不要超过水样体积的 0.5%。若水样的酸度或碱度很高,可改用高浓度的碱或酸进行中和。

(2)含有少量游离氯的水样,一般放置 1～2 h 后,游离氯即可消失。对于游离氯在短时间内不能消失的水样,可加入适量的亚硫酸钠溶液,以除去游离氯。其加入量的计算方法是:取水样 100 mL,加入 1+1 乙酸 10 mL,10%(m/V)碘化钾溶液 1 mL,混匀。以淀粉溶液为指示剂,用亚硫酸钠标准溶液滴定游离碘。根据亚硫酸钠标准溶液消耗的体积及浓度,计算水样中所需要加入亚硫酸钠溶液的量。

(3)从水温较低的水域或富营养化的湖泊中采集的水样,可遇到含有过饱和溶解氧,此时应将水样迅速升温至 20 ℃左右,在不满瓶的情况下,充分振摇,并不时开塞放气,以赶出过饱和的溶解氧。

(4)水样中含有铜、铅、锌、铬、镉、砷、氰等有毒物质时,可使用经过驯化的微生物接种液的稀释水进行稀释,或增大稀释倍数,以减少毒物的浓度。

2.水样测定

(1)不经稀释的水样测定

①溶解氧含量较高、有机物含量较少的地面水,可不经稀释,而直接以虹吸法将约 20 ℃的混匀水样转移至两个溶解氧瓶内,转移过程中应注意不使其产生气泡。以同样的操作使两个溶解氧瓶充满水样,加塞水封。

②立即测定其中一瓶的溶解氧。将另一瓶放入培养箱中,在(20±1)℃培养 5 d,在培养过程中注意添加封口水。

③从开始放入培养箱算起,经过 5 d 后,弃去封口水,测定剩余的溶解氧。

(2)经过稀释的水样测定

水样需要稀释的倍数,通常根据实践经验,提出下述计算方法,供稀释时参考。稀释后以同样的方法测定水样在培养前后的溶解氧浓度,并测定稀释水(或接种稀释水)在培养前后的溶解氧浓度。

①地表水

由测得的高锰酸盐指数与一定的系数的乘积,即求得稀释倍数。高锰酸盐指数与系数的关系如表 7-6 所示。

表 7-6　高锰酸盐指数与系数关系表

高锰酸盐指数/(mg/L)	系数
<5	—
5~10	0.2、0.3
10~20	0.4、0.6
>20	0.5、0.7、1.0

②工业废水

由重铬酸钾法测得的 COD 值 W_0 确定。通常需作 3 个稀释比,即在使用稀释水(或接种稀释水)时,由 COD 值分别乘以系数 0.075、0.15、0.225,即获得 3 个稀释倍数。

(3)稀释方法

①一般稀释法

按照选定的稀释比例,用虹吸法沿筒壁先引入部分稀释水(或接种稀释水)于 1000 mL 量筒中,加入需要量的均匀水样,再引入稀释水(或接种稀释水)至 800 mL,用带胶板的玻璃棒小心上下搅匀。搅拌时勿使玻璃棒的胶板漏出水面,防止产生气泡。

②直接稀释法

直接稀释法是在溶解氧瓶内直接稀释。在已知两个容积相同(差值小于 1 mL)的溶解氧瓶内,用虹吸法加入部分稀释水(或接种稀释水),再加入根据瓶容积和稀释比例计算出来的水样量,然后用稀释水(或接种稀释水)刚好充满瓶子,加塞,勿留气泡于瓶内。

在 BOD_5 测定中,一般采用碘量法测定溶解氧。

7.5.5　注意事项

(1)玻璃器皿应彻底清洗干净。先用洗涤剂浸泡清洗,然后用稀盐酸浸泡,最后依次用自来水、蒸馏水洗净。

(2)水样稀释倍数超过 100 倍时,应预先在容量瓶中用水初步稀释后,再取适量进行最后稀释培养。

(3)在 2 个或 3 个稀释比的样品中,凡消耗溶解氧大于 2 mg/L 和剩余溶解氧大于 1 mg/L 都有效,计算结果时应取平均值。

7.5.6　实验结果

(1)不经稀释直接培养的水样:
$$BOD_5(mg/L)=C_1-C_2$$
式中　C_1——水样在培养前的溶解氧浓度,mg/L;

　　　C_2——水样经 5 d 培养后,剩余溶解氧浓度,mg/L。

(2)经稀释后培养的水样:
$$BOD_5(mg/L)=\frac{[(C_1-C_2)-(B_1-B_2)f_1]}{f_2}$$
式中　C_1——水样在培养前的溶解氧浓度,mg/L;

　　　C_2——水样经 5 d 培养后,剩余溶解氧浓度,mg/L;

　　　B_1——稀释水(或接种稀释水)在培养前的溶解氧浓度,mg/L;

　　　B_2——稀释水(或接种稀释水)在培养后的溶解氧浓度,mg/L;

　　　f_1——稀释水(或接种稀释水)在培养液中所占比例;

　　　f_2——水样在培养液中所占比例。

注意:f_1、f_2 的计算,例如培养液的稀释比为 3%,即 3 份水样,97 份稀释水,则 $f_1=0.97$,$f_2=0.003$。

样品编号	当天滴定值		DO$_1$/(mg/L)	5 d 后滴定值		DO$_2$/(mg/L)	BOD$_5$/(mg/L)
	V_1/mL	V_2/mL		V_1/mL	V_2/mL		
稀释水							—
1							
2							
3							

取 BOD$_5$ 的平均值作为测定结果。根据实际测量情况,分析影响实验的主要因素,对实验数据进行分析计算,得出实验条件下 BOD$_5$ 值。

7.6 酚降解菌的分离与纯化及 高效菌株的选育

7.6.1 实验目的

(1)掌握从含酚废水中分离纯化酚降解菌株的方法。

(2)学习高效降解菌株的选育技术。

(3)了解微生物处理法在污水治理中的作用。

7.6.2 实验原理

酚类化合物是化工、钢铁等工业废水的主要有毒成分。含酚污水是当今国内外污染范围较广泛的工业废水之一,是环境中水污染的重要来源。未经处理的废水直接排放、灌溉农田可污染大气、水、土壤和食品。

现阶段含酚污水的处理方法主要有物化方法和基于活性污泥法的生物处理法。微生物作为活性污泥的主体,是有毒物质分解转化的主要执行者。某些耐酚的假单胞菌和假丝酵母能在含酚废水的活性污泥中生长,具有较强的降解苯酚的能力。苯酚经微生物体内单加氧酶氧化转变为邻苯二酚,细菌中邻苯二酚的降解大多数沿着邻位裂解途径进行,生成 β-酮己二酸(3-氧己二酸)后,最终生成乙酰COA 和琥珀酸,再进一步通过三羧酸循环氧化成 CO_2 和 H_2O,如图 7-4 所示。

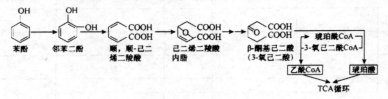

图 7-4 苯酚的微生物邻位裂解途径

从自然界中筛选分离出能够降解特定污染物的高效菌种,探讨其降解特性,并应用于污水处理系统中具有重要现实意义。本次实验以含酚污水中酚降解菌的筛选、分离与纯化为例,介绍某些特殊污染物微生物高效降解菌的选育技术。

一般微生物在含苯酚培养基上不能生长,苯酚耐受菌株的筛选,可采用与筛选药物抗性菌株一样的梯度平板法。即在培养基中加入一定量的药物，使大量细胞中的少数抗性菌细胞在平板上的一定剂量药品的部位长成菌落。从而判定该菌耐苯酚的能力。

7.6.3　实验器材

1.菌源与培养基

含酚工业污水或含酚废水曝气池中的活性污泥。耐酚细菌、真菌培养基（固体、液体、斜面），苯酚无机培养液，碳源对照培养液 A 及苯酚培养液 B。

2.试剂

酚标准液，2％ 4-氨基安替比林溶液，氯仿，氨性氯化铵缓冲液，0.1 mol/L 溴酸钾-溴化钾溶液，0.1 mol/L 硫代硫酸钠溶液，1％淀粉溶液，8％铁氰化钾溶液等。

3.仪器及用具

培养箱、无菌培养皿、无菌移液管、容量瓶、试剂瓶、酸式滴定管等。

7.6.4　实验步骤

1.采样

自焦化厂、钢铁公司化工厂处理含酚工业污水的曝气池中取活性污泥和含酚污水，装于无菌锥形瓶中，带回实验室及时分离筛选。记录采样日期、地点、曝气池的水质分析，包括挥发酚、五日生化需氧量 BOD_5、化学需氧量 COD、焦油、硫化物、氰化物、总氮、氨态氮、磷、pH、水温等。

2.耐酚菌驯化

先将从含酚工业废水中采集来的活性污泥放入苯酚无机培养液中（苯酚终浓度为 25 mg/L，$MgSO_4 \cdot 7H_2O$ 终浓度为 0.3％，KH_2PO_4 终浓度为 0.3％），30 ℃振荡培养 6～10 d，使苯酚降解菌大量增殖，淘汰对酚不适应的微生物；再添加苯酚无机培养液（苯酚终浓度增加至 100 mg/L）30 ℃振荡培养 4～6 d。再添加苯酚无机培养液（苯酚终浓度增加至 200 mg/L）30 ℃振荡培养 4～6 d，再添加 250 mg/L

苯酚无机培养液,30 ℃培养 4 d 后从中选出对苯酚耐受力强的苯酚降解菌。

3. 梯度平板法分离纯化

(1)梯度平板制备

在已灭过菌的培养皿中,先倾倒 7~10 mL 不含苯酚的已灭过菌的细菌或真菌培养基,将培养皿一侧放置在木条上,使皿中的培养基倾斜成斜面,而且刚好完全盖住培养皿底部,待培养基凝固后,将培养皿放平,再倾倒 7~10 mL 已熔化的无菌耐酚真菌培养基或耐酚细菌培养基(苯酚终浓度为 75 mg/100 mL),刚好完全盖住下层斜面,由于苯酚的扩散作用,上层培养基薄的部分苯酚浓度大大降低,造成上层培养基由厚到薄苯酚浓度递减的梯度(见图7-5)。

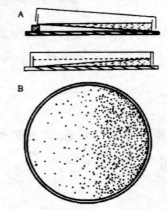

图 7-5　苯酚浓度梯度平板

A—梯度平板的制作;B—平板上菌落生长情况

(2)涂布法分离

将采集的样品按稀释涂布法分离,30 ℃培养 2 d 后,平板上生长的菌落也形成密度梯度,上层培养基薄的部分苯酚低浓度区形成菌苔较多,上层培养基厚的部分苯酚高浓度区出现稀少菌落。将此菌落在耐酚细菌培养基平板或耐酚真菌培养基平板上连续划线分离,最后挑取单菌落接种到耐酚斜面培养基上,30 ℃培养 2 d。

4. 性能测定

(1)初筛

制备不同浓度苯酚含量的平板培养基(苯酚终浓度依次为 0.025%、0.045%、

0.060％、0.075％)。将选出的耐酚力强的菌株在其上分别划线分离,自高酚浓度平板上长出的菌落,即为苯酚降解力高的菌株。

(2)复筛

将经初筛纯化的菌种,分别接入碳源对照培养液 A 和苯酚培养液 B 中,20 ℃振荡培养 48 h,于发酵的 0 h、12 h、24 h、36 h、48 h 取样,在 600 nm 处检测光密度值,或采用比浊法在浊度计上测定混浊度。绘制在葡萄糖培养液和苯酚培养液上的生长曲线,在 250 mg/L 苯酚培养液中生长速度下降不明显者为耐酚菌株。

(3)苯酚降解率的测定

发酵液中苯酚含量测定:在 NH_4OH-NH_4Cl 缓冲液中使发酵液中苯酚游离出来,苯酚与 4-氨基安替比林发生缩合反应,在氧化剂铁氰化钾的作用下,酚被氧化生成醌而与 4-氨基安替比林偶合而显色(注意:测定中不能颠倒加试剂的顺序)。

测定接种前和发酵终止时的发酵液苯酚浓度,计算苯酚降解率。若苯酚降解率大于 80％,表明确为有效的苯酚降解菌。

$$苯酚降解率(\%)=\frac{未接种前发酵液苯酚含量-发酵终止时发酵液苯酚含量}{未接种前发酵液苯酚含量}\times100$$

取适量发酵液(含酚量大于 10 μg)于 50 mL 锥形瓶中。同时分别吸取酚标准液 0.0 mL、0.5 mL、1.0 mL、2.0 mL、3.0 mL、4.0 mL、5.0 mL 于同型号的各锥形瓶中,用蒸馏水稀释至 50 mL,然后向标准酚溶液和发酵的稀释液中各加入 0.25 mL 20％ NH_4OH-NH_4Cl 缓冲液,0.5 mL 2％ 4-氨基安替比林溶液,0.5 mL 8％铁氰化钾溶液,每次加入试剂后需均匀混合,放置 15 min 后在 510 nm 处比色测定。制作苯酚标准曲线,从图中查出发酵液中苯酚含量。

$$苯酚含量=V_1\times1000/v$$

式中　V_1——相当于标准酚溶液中的酚量,mg;

　　　　v——发酵液体积,L。

(4)高效苯酚降解菌株的鉴定

对分离纯化菌株进行形态学特征、生理生化等方面的鉴定。

7.6.5　注意事项

分离筛选苯酚降解菌前需要对样品进行苯酚的耐受驯化。

7.6.6　实验结果

(1)观察记录苯酚降解菌株的初筛结果。

（2）观察记录苯酚降解菌株的复筛结果。

（3）观察记录高效苯酚降解菌株的降解率和鉴定结果。

7.7　免疫沉淀、免疫凝集反应的测定

7.7.1　免疫沉淀反应的测定

1. 实验目的

掌握环状沉淀反应和琼脂扩散反应的原理和操作方法。

2. 实验原理

将可溶性抗原与相应的抗体混合，在适量电解质存在下，经过一定时间，即可形成肉眼可见的沉淀物，称为沉淀反应。参与沉淀反应的抗原称为沉淀原，抗体称为沉淀素。据此现象设计的沉淀实验主要包括絮状沉淀实验、环状沉淀实验和凝胶内的沉淀实验。凝胶内的沉淀实验依所用的实验方法又可分为免疫扩散实验和免疫电泳技术两类。

（1）免疫扩散法

琼脂凝胶呈多孔结构，能允许各种抗原、抗体在其中自由扩散。抗原、抗体在琼脂凝胶中扩散由近及远形成浓度梯度，当两者在适当比例处相遇即发生沉淀反应，形成沉淀带。由于一种抗原抗体系统只出现一条沉淀带，故本反应能将复合抗原成分加以区分。按其操作特点，可分为单向扩散和双向扩散。单向扩散是抗原、抗体中一种成分扩散，而双向扩散则是两种成分在凝胶内彼此都扩散。双向扩散可用来鉴定未知样品的组分，比较不同样品的抗原性。

（2）环状沉淀反应

在小试管内先加入已知抗血清，然后小心加入待检抗原于血清上表面，使之成为分界清晰的两层，一定时间后，在两层液面交界处出现白色环状沉淀者即为阳性反应［见图 7-6（b）］。

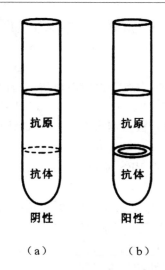

图 7-6　环状沉淀反应示意

此法简单、敏感,所需被检材料少,可用作抗原的定性实验,如炭疽病的诊断(阿斯科利瓦实验)、血迹鉴定、沉淀素的效价滴定等。

3. 实验器材

(1)可溶性抗原:牛血清白蛋白 10 mg/mL。

(2)1:10 兔抗牛血清白蛋白血清。

(3)生理盐水、洁净载玻片、试管、吸管、记号笔、吸管(带乳胶吸头)和恒温箱等。

4. 实验步骤

(1)双向琼脂扩散反应

①取精制琼脂粉 1～1.2 g,放入 100 mL 含 0.01%硫柳汞的磷酸盐缓冲液(PBS)中,水浴加热溶化混匀。

②洁净玻片放在平台上,加入熔化的琼脂 3～4 mL,厚度约 2.5 mm。注意不要产生气泡,等琼脂冷却凝固后,放入湿盒(铺有数层湿纱布的带盖搪瓷盘)内,防止水分蒸发,放在普通冰箱中可保存 2 周左右。

③将琼脂玻片放于事先绘制好的图案上,用打孔器照图案打孔,孔径为 4 mm,孔间距 3 mm。

④在左边中央孔加入标准牛血清白蛋白,在外周孔 1、2、3、4、5、6,各加兔抗牛血清白蛋白血清(稀释度分别为 1∶2、1∶4、1∶8、1∶16、1∶32、1∶64)至孔满为止。

⑤在右边中央孔加入兔抗牛血清白蛋白血清,在外周孔 1、2、3、4、5、6,各加牛血清白蛋白(稀释度分别为 1∶2、1∶4、1∶8、1∶16、1∶32、1∶64)至孔满为止。

⑥放置 0.5 h,将琼脂玻片放入湿盒中,置 37 ℃恒温箱中,24 h 后观察结果。

(2)环状沉淀反应

①取牛血清白蛋白溶液用 PBS 稀释成 1∶10、1∶20、1∶40、1∶80、1∶160、1∶320、1∶640 的抗原溶液。

②取 9 支洁净的小试管,每支加入 1∶2 的兔抗牛血清白蛋白血清 0.5 mL。

③用吸管吸取制备的牛血清白蛋白溶液各 1 mL,沿试管壁缓慢注入,使之重叠于兔抗牛血清白蛋白血清上面(注意不要发生气泡或摇动)。剩余的 2 支试管分别加入 PBS 和阳性血清做阴性和阳性对照。

④直立静置,在 5～10 min 内,两液面交界处若出现清晰、整齐的环状白轮,则为阳性[见图 7-7(b)]。

5.注意事项

(1)双向免疫扩散的时间要适当,时间过短,不能形成沉淀线,时间过长易造成沉淀带解离。

(2)加入的抗原和抗体不能溢出孔外。

(3)孔的边缘不能有缺口或形状不规则。

(4)环状沉淀反应成功的关键是不能搅动液面。

(5)由于不同批次的抗体效价不同,每次实验前应通过预实验来确定合适的稀释范围。

6.实验结果

(1)阳性可出现较粗的白色明显的沉淀线,阴性者,则无白色沉淀线。

(2)按表 7-7、表 7-8 记录双向扩散的结果,并画出两个双向免疫扩散方阵形成的沉淀线。

表 7-7　双向扩散 A 结果

抗原稀释度	1：2	1：4	1：8	1：16	1：32	1：64
沉淀线						

表 7-8　双向扩散 B 结果

抗体稀释度	1：2	1：4	1：8	1：16	1：32	1：64
沉淀线						

(3)记录环状沉淀反应的过程和结果(见表 7-9)。

表 7-9　环状沉淀反应的结果

试管号	1	2	3	4	5	6	7	8	9
抗原稀释度	1：10	1：20	1：40	1：80	1：160	1：320	1：640	阴性对照	阳性对照
沉淀线									

7.7.2　免疫凝集反应的测定

1. 实验目的

(1)熟悉免疫凝集反应的基本原理和操作技术。
(2)熟悉玻片凝集反应实验。
(3)熟悉试管凝集反应实验。

2. 实验原理

颗粒性抗原在适当电解质参与下与相应抗体结合形成肉眼可见的凝集块,称为凝集反应,可分为直接凝集反应和间接凝集反应两类。颗粒状抗原(如细菌、红细胞等)与相应抗体直接结合所出现的凝集现象是直接凝集反应,分为玻片法和试管法。玻片法是一种定性实验方法,可用已知抗体来检测未知抗原。若鉴定新分离的菌种时,可取已知抗体滴加在玻片上,取待检菌液一滴与其混匀。数分钟后,如出现肉眼可见的凝集现象,为阳性反应。该法简便快速,除鉴定菌种外,尚可用于菌种分型、测定人类红细胞的 ABO 血型等。试管法是一种定量实验的经典方法。可用已知抗原来检测受检血清中有无某抗体及抗体的含量,用来协助临床诊断或流行病学调查研究。操作时,将待检血清用生理盐水连续成倍稀释,然后加入等量抗原,最高稀释度仍有凝集现象者,为血清的效价,也称滴度,以表示血清中抗体的相对含量。诊断伤寒、副伤寒的肥达反应(Widal test)、布氏病的瑞特反应(Wright test)均属定量凝集反应。

间接凝集反应是将可溶性抗原(或抗体)先吸附于一种与免疫无关的、一定大小的颗粒状载体的表面,然后与相应抗体(或抗原)作用发生的凝集。用做载体的微球可用天然的微粒性物质,如人(O型)和动物(绵羊、家兔等)的红细胞、活性炭颗粒或硅酸铝颗粒等;也可用人工合成或天然高分子材料制成的物质,如聚苯乙烯胶乳微球等。由于载体颗粒增大了可溶性抗原的反应面积,当颗粒上的抗原与微量抗体结合后,就足以出现肉眼可见的反应,敏感性比直接凝集反应高得多。

3.实验器材

(1)颗粒性抗原大肠杆菌(E. coli)18~24 h培养斜面;每支斜面中加入6 mL生理盐水(含0.5%石炭酸),制成菌液;用无菌吸管吸取菌液,注入装有玻璃珠的无菌血清瓶中,振荡30 min,制成菌悬液。

(2)稀释度为1:10兔抗大肠杆菌血清抗体。

(3)生理盐水、洁净玻片、试管、吸管、记号笔、吸管(带乳胶吸头)和恒温箱等。

4.实验步骤

(1)玻片凝集反应

①取洁净玻片一块,用记号笔标记成两小格,并标明待检血清的号码。

②滴加大肠杆菌血清抗体(1:10稀释)和生理盐水各一滴(或50 μL)于方格内。血清用前需室温放置,使其温度达20 ℃左右。

③滴加大肠杆菌菌悬液各一滴(或50 μL)于方格内,用牙签轻轻搅匀,于37 ℃恒温箱放置3~5 min后观察结果。

(2)试管凝集反应

①取6支试管(1 cm×8 cm),另取对照管2支。

②用生理盐水将被检血清(稀释度为1:10)倍比稀释成6个稀释度(分别为1:20,1:40,1:80,1:160,1:320,1:640),每管0.5 mL。第7、8管中不加血清,第7管中加稀释度为1:80的阳性血清0.5 mL作阳性对照。第8管中加稀释度为1:80的阴性血清0.5 mL作阴性对照。

③各管中加入用0.5%石炭酸生理盐水稀释20倍的大肠杆菌菌悬液

0.5 mL。

④各管加抗原后,将各管充分混匀,放 37 ℃恒温箱中 4～10 h,取出后室温放置 18～24 h,然后观察并记录结果。

5.注意事项

(1)倍比稀释时注意混匀,但不能剧烈振荡。

(2)避免产生气泡影响实验结果。

6.实验结果

(1)判定结果时用"＋"表示反应强度如下。

①玻片法按下列标准记录反应强度。

＋＋＋＋:出现大的凝集块,液体完全透明。

＋＋＋:有明显凝集块,液体几乎完全透明,即 75％凝集。

＋＋:有可见凝集片,液体不甚透明,即 50％凝集。

＋:液体混浊,有小的颗粒状物,即 25％凝集。

－:液体均匀混浊,无凝集物。

②试管法按下列标准记录反应强度。

＋＋＋＋:液体完全透明,菌体完全被凝集呈伞状沉于管底,振荡时,沉淀物呈片状、块状或颗粒状(100％的菌体被凝集)。

＋＋＋:液体略混浊,菌体大部分被凝集于管底,振荡时呈片状或颗粒状(75％菌体被凝集)。

＋＋:液体不透明,管底有明显凝集片,振荡时有块状或小片絮状物(50％菌体被凝集)。

＋:液体不透明,仅管底有少许凝集,其余无显著的凝集块(25％菌体被凝集)。

－:液体混浊,管底无凝集,菌体不被凝集,但由于菌体自然下沉,在管底中央可见圆点状沉淀,振荡后立即散开呈均匀混浊。

(2)记录两种免疫反应的实验过程。

(3)记录两种免疫反应的实验结果与体会(见表 7-10、表 7-11)。

表 7-10　玻片凝集反应实验结果记录表

	生理盐水＋大肠杆菌	大肠杆菌抗血清＋大肠杆菌
结果		

表 7-11 试管凝集反应结果记录表

管号	1	2	3	4	5	6	7	8
稀释度结果								

参考文献

[1]常英娟,姜鹏,高巍,等.浅谈消毒与灭菌应用及影响因素[J].中国卫生标准管理,2016,7(1):186-187.

[2]陈静,沈善瑞,赖晓芳,等.微生物学实验创新模式探索[J].科教文汇:下旬刊,2018(2):49-50+58.

[3]陈静.微生物学检验实验实训指导[M].南昌:江西科学技术出版社,2012.

[4]陈敏.微生物学实验[M].杭州:浙江大学出版社,2011.

[5]陈明霞.微生物学实验教学模式的探索[J].教育教学论坛,2017(46):252-253.

[6]陈婷婷,李艳琼,崔照琼.医学生物学实验教学改革初探[J].教育教学论坛,2017(26):239-240.

[7]陈永敢,陈川平,范平杰,等.微生物学设计性实验教学的探索[J].生物技术世界,2016(3):242-243.

[8]陈峥宏.微生物学实验教程[M].上海:第二军医大学出版社,2008.

[9]程水明,刘仁荣.微生物学实验[M].武汉:华中科技大学出版社,2015.

[10]迟雪梅,冯晨阳,杨丽娜,等.微生物学实验课设计型实验的改革[J].高校实验室工作研究,2016(3):47-49.

[11]崔战利,刘永春,张鸿雁,等.微生物学模块式自设计研究性实验的构建与教学实践[J].微生物学通报,2017,44(3):732-738.

[12]杜连祥,路福平.微生物学实验技术[M].北京:中国轻工业出版社,2006.

[13]杜鹏.乳品微生物学实验技术[M].北京:中国轻工业出版社,2008.

[14]范俐.微生物学基础与实验技术[M].厦门:厦门大学出版社,2012.

[15]高芳,马淑一,于敬达,等.微生物学与微生物学检验教学改革探索[J].中国卫生产业,2018,15(5):112-113.

[16]谷存国.综合设计性实验在微生物学检验教学中的实践探索[J].卫生职业教育,2018,36(4):37—38.

[17]郝林,孔庆学,方祥.食品微生物学实验技术[M].北京:中国农业大学出版社,2016.

[18]何绍江,陈雯莉.微生物学实验[M].北京:中国农业出版社,2007.

[19]洪坚平,来航线.应用微生物学[M].北京:中国林业出版社,2011.

[20]黄红莹,刘英杰,卫文强,等.微生物学实验教学改革初探[J].河南医学高等专科学校学报,2016,28(4):344—345.

[21]黄敏.微生物学与微生物学检验[M].北京:人民军医出版社,2006.

[22]黄筱钧.在医学微生物学实验教学中培养学生的实践能力[J].教育现代化,2016,3(4):117—118.

[23]冀磊,蒋锦琴,孙爱华,等.微生物学"革兰氏染色法"的说课设计[J].浙江医学教育,2017,16(2):14—16.

[24]建宏,罗琳.微生物学综合性设计实验教学中存在的问题与探索[J].微生物学通报,2017,44(1):225—231.

[25]赖德慧.临床微生物学检验实验课与医学微生物实验课之间的异同比较分析[J].生物技术世界,2016(1):204.

[26]黎金锋,姚晓华.微生物学实验课改革初探[J].广西农业生物科学,2007(z1):210—212.

[27]李双石.微生物实用技能训练[M].北京:中国轻工业出版社,2014.

[28]李顺鹏.微生物学实验指导[M].北京:中国农业出版社,2015.

[29]李太元,许广波.微生物学实验指导[M].北京:中国农业出版社,2016.

[30]李哲,周密,马琳,等.医学微生物学开放实验教学的探索与实践[J].中国实验诊断学,2016,20(1):174—175.

[31]梁新乐.现代微生物学实验指导[M].杭州:浙江工商大学出版社,2014.

[32]刘爱民.微生物学实验[M].合肥:安徽人民出版社,2009.

[33]刘畅.环境微生物学教学改革探讨[J].科技风,2017(11):29—30.

[34]刘慧.现代食品微生物学实验技术[M].北京:中国轻工业出版社,2006.

[35]刘慧玲,杨世平.浅谈微生物实验教学方法的改革[J].教育现代化,2016,3(37):31—32.

[36]陆向军.微生物学实验技术[M].合肥:合肥工业大学出版社,2016.

[37]罗晶,袁嘉丽.微生物学实验[M].北京:中国中医药出版社,2007.

[38]梅双双,戎伟.设计性实验教学在环境微生物学中的应用[J].亚太教育,2016(26):280+279.

[39]弥春霞,马怀良,陈欢,等.微生物学实验教学改革与学生科研创新能力的培养[J].牡丹江医学院学报,2017,38(1):155-157.

[40]闵航.微生物学[M].杭州:浙江大学出版社,2011.

[41]牛晓娟,张丽君,翁庆北.微生物学开放实验初探[J].教育观察:上半月,2017,6(11):89-91.

[42]秦翠丽,李松彪.微生物学实验技术[M].北京:兵器工业出版社,2008.

[43]任哲.消毒与灭菌效果微生物快速检测技术进展[J].中国消毒学杂志,2013,30(7):652-657.

[44]沈萍,陈向东.微生物学[M].北京:高等教育出版社,2009.

[45]沈萍,陈向东.微生物学实验[M].北京:高等教育出版社,2007.

[46]石鹤.微生物学实验[M].武汉:华中科技大学出版社,2010.

[47]宋渊.微生物学实验教程[M].北京:中国农业大学出版社,2012.

[48]孙燕.微生物学实验指导[M].西安:陕西师范大学出版总社有限公司,2015.

[49]孙勇民,张新红.微生物技术及应用[M].武汉:华中科技大学出版社,2012.

[50]田广文,陈德育,杨祥.微生物学实验教学中革兰氏染色三步法应用试验[J].安徽农学通报,2008(15):58-59+66.

[51]王芳,叶宝兴,宋瑛琳,等.微生物学实验中革兰氏染色两种方法的比较[J].实验室研究与探索,2007(8):39+124.

[52]王进军,梅丽娟,张键,等.环境微生物学实验教学改革初步探讨[J].教育现代化,2016,3(27):22-23+26.

[53]王平.微生物学实验教程[M].西安:第四军医大学出版社,2013.

[54]王亚平,蒋思婧,周玉玲.微生物学实验教学中设计性实验的教学探索[J].科教导刊(中旬刊),2017(11):94-95.

[55]王宜磊,方尚玲,刘杰.微生物学[M].武汉:华中科技大学出版社,2014.

[56]魏红云,张新亚,赵焓宇,等.设计性实验在医学微生物学实验教学中的探索[J].临床医药文献电子杂志,2017,4(71):14057-14058.

[57]魏建宏,罗琳.微生物学综合性设计实验教学中存在的问题与探索[J].微生物学通报,2017,44(1):225-231.

[58]谢畅,谢志雄.微生物学细菌鉴定自主开放实验的优化[J].高校生物学教学研究(电子版),2018,8(1):7－21.

[59]熊元林,姚小飞,赵为.微生物学实验[M].武汉:华中师范大学出版社,2014.

[60]熊元林.微生物学实验[M].武汉:华中师范大学出版社,2008.

[61]许国强.实验微生物学[M].开封:河南大学出版社,2006.

[62]许小红,朱红力,刘宏.环境微生物学实验教学思考和改革初探[J].中国教育技术装备,2017(2):132－133.

[63]许褆森.微生物学实验教学培养学生综合技能策略探索[J].新西部,2017(9):144－145.

[64]叶明.微生物学实验技术[M].合肥:合肥工业大学出版社,2009.

[65]尹军霞.微生物学实验指导[M].南京:南京大学出版社,2015.

[66]曾凡胜,谌蓉,李瑜,等.研究性实验在临床微生物学检验教学中的实践研究[J].科教导刊:中旬刊,2017(7):135－136＋138.

[67]翟齐啸,田丰伟,王刚等.食品微生物学实验课程分组案例式教学的探索与实践[J].中国轻工教育,2017(1):54－56.

[68]张果,李晓娟,张聪霞.微生物显微图像分类识别技术研究及应用[J].计算机工程与设计,2008(6):1482－1484＋1488.

[69]张磊,程小青,江隆.食品微生物学课堂教学现状与改进策略[J].西部素质教育,2017,3(3):86.

[70]张祺.微生物学实验课教学改革探析[J].亚太教育,2016(11):268.

[71]张庆芳,迟乃玉.微生物学实验教学考核评价体系的建立及实施[J].微生物学通报,2009,36(9):1432－1435.

[72]张涛,李培学,戴慧堂等.荧光显微技术在土壤微生物可视化研究中的应用[J].安徽农业科学,2011,39(2):1113－1115＋1198.

[73]张杨,唐双阳,王成昆,等.病原微生物学实验教学改革探究[J].西部素质教育,2017,3(12):109.

[74]张悦,曹艳茹.微生物学实验[M].昆明:云南大学出版社,2016.

[75]赵海泉.微生物学实验指导[M].北京:中国农业大学出版社,2014.

[76]赵金海.微生物学基础[M].北京:中国轻工业出版社,2012.

[77]赵玉萍,方芳.应用微生物学实验[M].南京:东南大学出版社,2013.

[78]周长林.微生物学实验与指导[M].北京:中国医药科技出版社,2010.

［79］周盛,马新博.微生物学实验与学习指导［M］.西安:第四军医大学出版社,2015.

［80］朱旭芬.现代微生物学实验技术［M］.杭州:浙江大学出版社,2011.

［81］朱艳蕾.细菌生长曲线测定实验方法的研究［J］.微生物学杂志,2016,36(5):108－112.